エコロジー講座

森の不思議を解き明かす

日本生態学会　編
矢原徹一　責任編集

文一総合出版

はじめに

私たち日本人は高度経済成長を通じて、物質的な豊かさを手に入れました。しかし、ふと気付くと、小さい頃に遊んだ森や小川が宅地に変わり、ふるさとの風景はいつの間にかすっかり変わってしまいました。子供たちは、自然からすっかり離れ、森や小川で遊ぶこともほとんどしなくなりました。このままで良いのだろうか……そういう疑問を抱き、森づくりなどの環境保全活動に携わる市民が増えています。

一方、若い世代の間でも、地球の温暖化や種の絶滅などのニュースを通じて、自然を守ることが大切だという意識が高まっています。実際に自然にふれる機会は少なくても、「ダーウィンが来た」のような自然番組は以前よりずっと充実しています。このような番組を見て生き物や自然環境に関心を持ち、生態学が学べる大学に進学する学生も増えています。そして、森づくりなどの活動を通じて、世代をこえた協力と協働がひろがっています。

本書は、このような活動を通じて森に関心を持っている市民・学生を対象に、森についてより深く学ぶために作られた入門書です。生態学という科学の目で見ると、森はとても不思議な世界です。森をつくる樹木は、そもそも、どうして幹を伸ばして成長する必要があるのでしょうか。一方で、どうしてある程度の高さまでしか成長しないのでしょうか。樹木は水を吸い上げているはずなのに、森が保水力を持っているのはどうしてでしょうか。巨大な樹木が成長するとき、栄養は不足しないのでしょうか。本書の前半では、これらの疑問に対して、いま科学者が知っている最先端の知識を紹介します。そして、実はまだよくわかっていない部分があることについても紹介します。

本書の後半では、森を支えるさまざまな生き物どうしの複雑なつながりについて紹介します。森は植物だけで成り立っているわけではありません。花の受粉を助ける昆虫、種子の散布を助ける動物、栄養の吸収を助ける菌類、植物の葉を食べるさまざまな動物と、そしてこれらの草食動物を食べて結果的に植物を助ける肉食動物など、さまざまな生き物たちが森の生態系を支えています。そして、これらの生き物たちの関係にも、たくさんの不思議があります。これらの不思議な関係について知れば知るほど、森が今まで以上に魅力的な世界に見えてくるでしょう。

最後に、森を再生する試みについて紹介します。森は決して人工的に作り出すことができないものですが、自然の回復力を手助けすることで、壊れた森をより早く、自然な状態の森へと導くことができます。

なお本書は、日本生態学会主催の公開講演会「エコロジー講座　森の不思議を解き明かす」（２００８年3月16日開催）の講演内容をまとめたものです。講演を聴くための資料として本書を作成するために、文部科学省科学研究費補助金（研究成果公開促進費）「研究成果公開発表（B）」の助成を受けました。

日本生態学会会長　矢原 徹一

目次

はじめに　2

森の不思議を見つけに行こう

森は「動いている」
～誕生から世代交代までの壮大なダイナミズムを解く～
東北大学大学院生命科学研究科　**中静　透**　6

木という生き方
国立環境研究所　**竹中　明夫**　16

水や養分に注目してみると

森と水の関係
九州大学農学部附属演習林　宮崎演習林　**熊谷　朝臣**　26

栄養の乏しい土壌に豊かな森ができるわけ
～熱帯林の樹木が「大きくなるジレンマ」を解消するしくみ～
京都大学生態学研究センター　**北山　兼弘**　36

生きものの集う森

森の４つの共生系
京都大学大学院人間・環境学研究科 **加藤 真** 44

野ネズミとドングリとの不思議な関係
～ドングリは本当に良いえさか？～
森林総合研究所 東北支所 **島田 卓哉** 54

生物間の相互作用と森の昆虫のダイナミックス
東京大学農学生命科学研究科附属演習林 **鎌田 直人** 64

私たちと森

森は「つくれる」のか
～森林の生態系も含めた再生のための林床移植実験からわかったこと～
九州大学大学院理学研究院 **矢原 徹一** 74

森の不思議のブックガイド
矢原 徹一 監修 86

森は「動いている」

～誕生から世代交代までの壮大なダイナミズムを解く～

東北大学大学院生命科学研究科
中静 透

深い静かな森は、その安定感から深い安らぎをもたらしてくれる。時を超えておだやかな姿を保ち続けてきたようにも思えるその森も、どこかにその始まりのときはあったのだし、実は人間の影響を受けて、激しく変化をしてもいる。森の成り立ちとうつりかわりを見ていこう。

はじめに

大きな木の茂った森に入ると、不思議な感動を受けることがあります。それは、どっしりとした樹木が人間の感覚を超えた悠久の時間を感じさせるからかもしれません。大地に根を張った不動の姿ともいえますが、よく考えると、その樹木にも小さな芽生えの時期はあったのです。ここでは、森がどのようにしてできてゆくのか、できあがった森の樹木の世代交代のしくみ、そして、森を変えてゆく人間活動について見てみます。つまり、森が「動いている」ようすを知るということです。

図1　森ができるまで

長野県西部地震（1984）による土石流で裸地となった森林

植生の回復（1994年、土石流発生から10年）

植生の回復（2004年、土石流発生から20年）

図2　回復する森

ススキ草原に樹木が侵入していく:二次遷移の先駆相

シラカンバ林:二次遷移の途中相

ミズナラの二次林:二次遷移の途中相

森ができるまで

地球では、十分な気温と降水量をもち、人間の影響の大きくない場所なら、森ができあがります。日本は気温、降水量ともにその条件を満たすので、もし人間がいなければ、高山や海岸、水辺などを除く、たいていの場所がいずれ森林になります。まったくの自然状態で森林ができてゆくようすは、火山活動で積もった灰や冷えた溶岩の上、大きな土石流で森林が破壊されたあとなどで見ることができます。

図１は、１９８４年に御岳山《おんたけさん》で起こった長野県西部地震で発生した大規模な土石流のあと、森林が回復するようすです。地震で尾根が一つ崩れてしまい、そこで発生した土石流によって広域の森林が破壊され、表面の土壌も削り取られてしまいました。通常は、森林の土壌には植物の根や休眠している種子が混じっていますし、落ち葉や動物の糞などで栄養分も蓄積されています。土石流はそうした表面の土壌をすべて削り取ってしまい、あとには土壌の下にあった岩石の部分が露出しています。そこでは、通常の植物に利用できる

図3　種の交代を引き起こすメカニズム:光

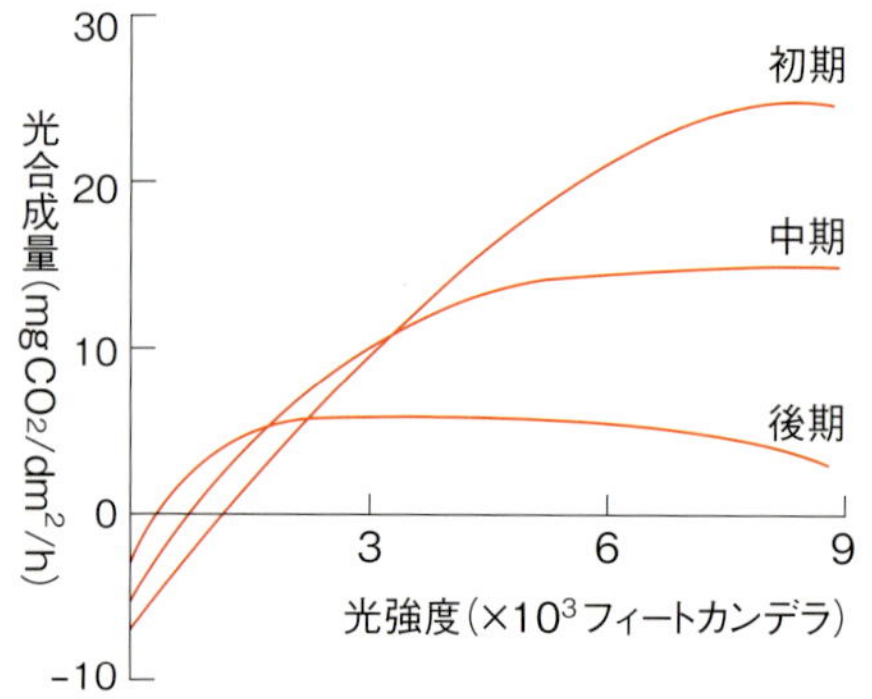

＊光合成と呼吸：植物は、光のエネルギーを利用して、空気中の二酸化炭素と水からデンプン（炭水化物）をつくりだす光合成という能力を持っています。こうしてつくりだした養分を使って、植物は成長し、種子をつくります。これは、動物にはない特徴です。動物は植物を食べて炭水化物を取り込み、空気中の酸素を取り込んで分解し、それによって得られるエネルギーを使って成長し、活動しています。植物が自分の成長などのために炭水化物を利用する場合にも、動物と同じように呼吸をします。自分でつくった炭水化物を自分で利用しているわけです。このとき、呼吸で分解される炭水化物の量が光合成によってつくりだされる量より多い、つまり赤字収支の場合には、植物の生活は成り立たなくなってしまいます。

栄養分がほとんどなく、硬くて根を伸ばすことができません。それでも、土石流発生から10年が経過すると、草本《そうほん》植物や低木《ていぼく》が少し生えてきます。さらに20年経過すると、かなり緑の部分が多くなってきます。でも、まだ森林と呼べるほどではありません。このとき生えてくる木本《もくほん》植物の多くは、ハンノキやヤシャブシといった、根粒菌《こんりゅうきん》と共生できるものです。植物の成長には窒素《ちっそ》という栄養分が必要ですが、土壌が削り取られたあとの岩石には、窒素はほとんど含まれていません。しかし、根粒菌は空気中の窒素を取り込んで生物が利用できる形に変換できます。根粒菌と共生できる樹木は彼らから窒素をもらい成長します。そして、その代わりに光合成でつくった炭水化物を根粒菌に渡しています。

　火山の多い日本では、桜島（鹿児島県）や伊豆大島（東京都）のように、噴火時に流れた溶岩の記録が残っている場合があります。そこにできた森を見ると、もともとの原生林にもどるには、数百年から千年くらいの時間が必要なようです。御岳の例は、まだほんの始まりだけを見ているに過ぎません。

回復する森

　一方、樹木が伐採されたり、山火事に遭ったりしたあとに森が回復する場合もあります。この場合には、土壌は失われないので、その中には植物の種子や根が生きたまま残っているし、栄養も保たれたままですから、森が回復するスピードは御岳のような場合よりも速くなります。

　かつては、かやぶき屋根や農耕用の牛馬の飼料を採取していた草原がたくさんありましたが、今はほとんどなくなっています。そのような草原は、毎年春先に枯れ草を燃やすこと（火入れ）で樹木が育つのを防いでいましたが、火入れをやめると樹木が育ち、しだいに森に変わってゆきます。そのような場所が美しいシラカンバの林になったりすることもあります。人間が薪や炭として使うために伐採を繰り返してきた林（薪炭林）では、コナラやミズナラの林になることもあります。

　このように、裸地だったところに植物が侵入して、しだいに森林が復活してゆくようすを「遷移《せんい》」といいます。御岳の例のように、前の森の痕跡がまったくない状態から出発する場合を「一次遷移」、前の森林の土壌や種子が残った状態で出発する場合を「二次遷移」と呼びます。

　もっと時間が経過すると、シラカンバやナラのような樹木はしだいに少なくなってゆき、別な樹木が増えてきます。たとえば、九州の平地ならイスノキやカシ類などの照葉樹林の暗い森や、東北ならブナのような樹木の森に変わってゆくのです。そして、これらの種類の森は、人間が伐採しないとかなり長い間続いてゆくと考えられており、「極相林《きょくそうりん》」と呼ばれます。このように、遷移の初期にあらわれる樹木を「先駆樹種《せんくじゅしゅ》」、最後にあらわれて長く森を保つ樹木を「極相樹種《きょくそうじゅしゅ》」といいます。いわゆる「原生林」と呼ばれるような、人間の影響がほとんど見られない発達した森林は、極相林と考えてよいのかもしれません（でも、ちょっと違うということがこの文章の最後にわかります）。

　どうしてこのような樹木の交代が起こるのでしょうか？　それは、樹木の種類ごとに、光や栄養分の利用のしかたに違いがあるためだと考えられています。遷移のはじめのころには、地面をおおう樹木が少ないの

写真1

長野県の縞枯れ山。白く見える帯状の部分では林冠木が枯れている。樹木の枯れた縞が、1年あたり約1mのスピードで上に移動する。

原生林とはいえど、1本1本の樹木には寿命があって、いつか倒れたり、枯死したりする。
どのように森林や樹木が保たれるのか?

大木が倒れると林冠（林の天井）に穴（林冠ギャップ）が開き、太陽光が林床に届き、いままで成長を抑えられていた樹木が成長をはじめる（更新）。

で、地表面まで太陽の光が届きます。しかし、遷移の後期になると樹木が茂っていて、地表面に届く光はわずかになります。先駆樹種は、強い光のもとで高い光合成能力をもちますが、呼吸量も多く、暗いところでは光合成（収入）よりも呼吸（消費）が多くなって、生活が成り立たなくなってしまいます。一方、極相樹種は、明るいところでの光合成能力が高くないかわりに呼吸量も小さいため、比較的暗いところでも収支のバランスがとれます。したがって、遷移初期には前者が、後期には後者のほうが有利になるため、徐々に樹木が入れ替わっていくのです。

森の再生サイクル

極相林は、人間が伐採したり、気候そのものが変化したりしない限り変化しないと考えられています。実際、花粉分析（湿原や湖沼《こしょう》堆積物に含まれる花粉を調べて、その時代に生えていた植物を知る分析方法）などの方法で過去の森林を調べてみると、過去数千年くらいは照葉樹林《しょうようじゅりん》やブナ林がずっと続いてきたことがわかっています。でも、1本1本の木が何千年も生きるものなのでしょうか？

　実は、ブナなどの大木の年輪を調べてみると、200～400年程度しか生きていないものばかりであることがわかります。ということは、もしブナ林が数千年も続いているとすると、その間に数十回の世代交代があったことになります。実際に、原生林といわれるような森林に入ってみると、年老いて枯れたような大木や、台風で倒れたような倒木をよく見ます。このような枯れ木があると、その周辺は森の天井（林冠《りんかん》）に穴があいたように明るくなっています。これを「林冠ギャップ」といいます。実は、あとを継ぐこどもの木（稚樹《ちじゅ》）にとっては、この林冠ギャップが大切なのです。

　ブナ林の場合でみると、大きな樹木が枝葉を茂らせて林冠に穴がないところにはブナの稚樹は多くありません。せいぜい数十センチメートルくらいの稚樹がまばらに生えている状態です。そんな小さな稚樹は、暗い環境で急速な成長はできず、芽生えては枯れ、芽生えては枯れ、という短い（といっても10～20年くらいはがんばっているのですが）一生を

図4　縞枯れ山の構造を横からみたもの（Sprugel, 1976）

①では林冠木が一部枯死を始める一方、林床には稚樹バンクが出来始める。
②林冠木が倒れ、稚樹が密生する。
③ではさらに成長し、林床は非常に暗い状態となり、④では再び林冠木になる。

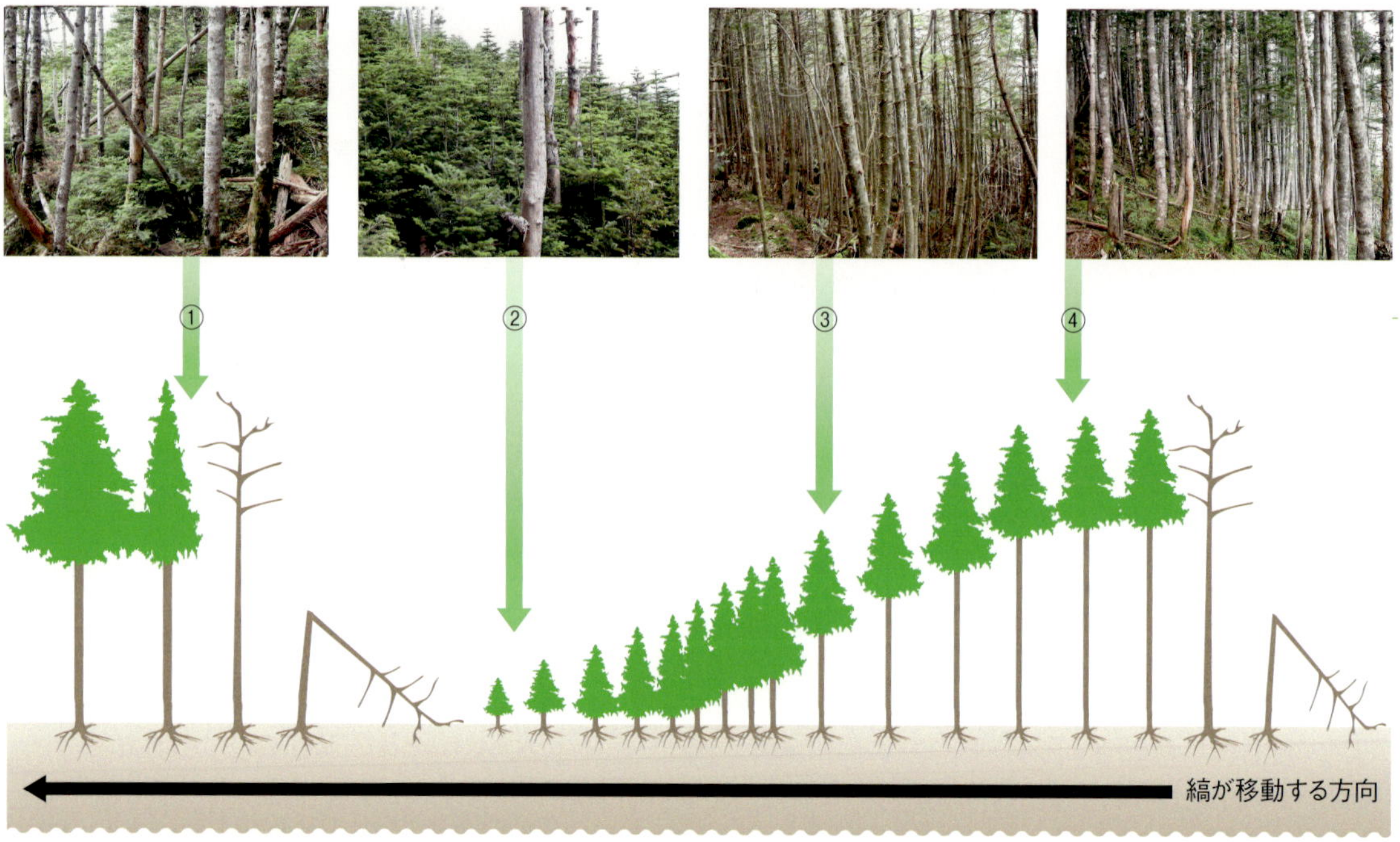

繰り返しています。ところが、台風などで大きな樹木が倒れると林冠ギャップができ、その周囲は明るくなります。すると、稚樹は急速な成長を開始します。また、明るくなってから芽生えた稚樹は生存率も良いので、ギャップには稚樹が密生することになります。つまり、競争が激しくなるのです。そこで今度は、稚樹どうしの競争によってたくさんの稚樹が枯れてゆきます。そうして限られた少数の個体だけが林冠に達し、森は元の姿に戻ることになるわけです。ブナ林をよく観察すると、このような森の再生サイクルのいろいろな段階がモザイク状になっていることがわかります。

よく、「昼なお暗い原生林」という言い方をしますが、原生林は常にこのような形で森の再生が行われているので、林冠ギャップのような明るい場所が必ずあります。ブナ林や照葉樹林の場合では、森林全体の10%から20%がこのような林冠ギャップだと報告されているので、原生林は意外に明るいのです。人間が伐採して一斉に再生したような森林のほうが、樹木の成長がそろっていて林冠ギャップもないので、実は暗いのです。

森が壊れる?

森の再生パターンは、これだけではありません。八ヶ岳連峰にある縞《しま》枯山《がれやま》は特徴的です。やや遠方から見ると、緑の森に白い縞が見えています。近づいてみると、白い縞は枯れ木が帯状に並んだものだということがわかります。これは、ちょっと前に話題になった酸性雨の影響なのでしょうか?

しかし、中に入ってみると、枯れた樹木の下には稚樹が密生しています。それが斜面の下のほうに向かって、密生する樹木が少しずつ大きくなってゆき、森林といえるくらいの状態になったと思ったら、次の数メートルで再び枯れた樹木の帯に達するのです。つまり、この林は、ブナ林や照葉樹林で見られるような林冠ギャップが横に並んでいる状態だと思えばいいのです。この森はシラビソという樹木の林ですが、調べてみると、だいたい１００年くらいで樹木が枯れるのです。樹木が枯れることによって林の中が明るくなってくると、稚樹がたくさん生えてくるよ

写真2

南アルプス北沢峠の亜高山帯針葉樹林（左、倒木前）と一斉倒木後（右）。台風によって、約4haの森林が一夜で倒れた。大きな台風で、ときには大規模に森林が壊れてしまうことがある。

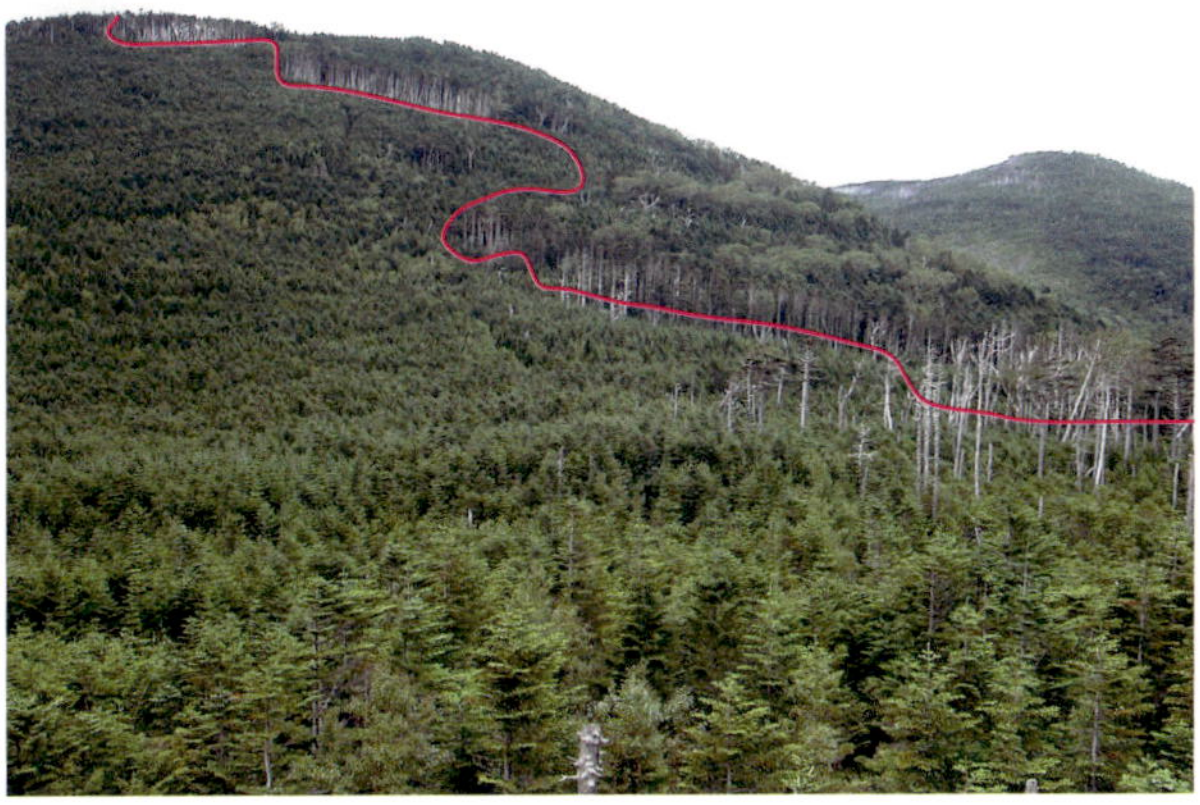

過去の大規模風倒のあとに更新した林。
赤い線より右側の森林は台風によって倒されずに残った。
亜高山帯の森林の中にはこのような更新をするものが少なくない。

うになり、成長も早くなります。樹木は毎年少しずつ枯れていきますが、その一方で稚樹が育っていくので、白い縞は次第に斜面の上に移動してきます。これと同じような現象は北アメリカの近縁の樹木でも知られています。どうしてこのようにきちんとした縞ができるのかについては、まだ完全には解明されていませんが、これも森の再生プロセスのひとつなのです。決して、酸性雨で森が壊れているのではありません。

　縞枯山のように標高の高いところにある針葉樹林（亜高山帯針葉樹林）では、もう一つの再生パターンが見られます。それは、台風などで大面積に一斉倒木《いっせいとうぼく》が起こってその後に再生するというものです。時には数平方キロメートル（ヤフードーム10個分以上）もの森林が一度に倒されることがあるのです。本州の亜高山帯や北海道の針葉樹林では、たびたびそのような出来事が起こっています。人間が何もしなくても、原生林といわれるような大きな森がこのように大きな打撃を受けることがあるのです。そして、そのような打撃を数百年に一度ずつ経験しながら現在の森ができているのです。

　このように、森林の一部を壊すような打撃は、森林の世代交代をうながすうえでたいへん重要です。このような打撃は「かき乱す」という意味で「攪乱《かくらん》」と呼びます。攪乱の要因は台風だけではありません。ほかの例も紹介しましょう。

　たとえば、河川のそばにある森も時に大きな変化をします。東北や北海道の、河川が中流から下流で蛇行をしているような場所では、川が増水して水流が勢いを増すと、曲がり角の川岸は削られてしまいます。すると、川岸に生えた樹木はどうなるでしょうか？　結果は想像にかたくありません。直径1メートルもあるような大木でも、激しい水流によって根元が洗われれば倒れてしまいます。一方で、運ばれてきた土砂は曲がり角の内側で水流が弱くなった場所にたまります。ヤナギやハルニレの種子は、このような水際の新しい土砂の上で発芽します。河川の蛇行は、一方では樹木を倒し、他方では樹木の芽生えが生える場所をつくっているということになります。このことを樹木の側に立って考えると、こうした蛇行した河川のはたらきがないと、子孫がつくれないというこ

写真３　蛇行している河川の流路変更によって倒伏した大木。増水時に土砂が浸食をうけ、根元の土壌が洗われ、ミズナラの大木が倒伏した。（栃木県中禅寺湖畔の河川にて）

とになります。実際に、ダムを造って河川の氾濫《はんらん》をなくしてしまうと、森が再生できなくなるということがわかっています。

校庭などによく植えられているポプラの木も、原産地ではこのような河川と強く結びついた樹木です。アメリカでは、このように河川による攪乱に依存している植物や動物の生息場所を確保するために、人工的な洪水も起こすことがあるくらいです。

ヤナギのような樹木は、高さ２〜３メートル程度の大きさでも種子をつける、あまり大きくならない種類もたくさんあります。これらは、流れのすぐ近くの、頻繁に攪乱を受ける場所に生えています。一方、ハルニレなどは、直径が1メートル以上、樹齢も３００年以上にもなる樹木です。そして、それらの大木は、川の流れからはかなり離れて、少し高くなった場所に生えています。その高さまで水位があがるような洪水はまれにしか起こりませんが、たとえ数十年に1回の攪乱でも、３００年という一生のなかでは何回か起こることになります。ですから、子孫を残すチャンスは何度もあるわけです。

このほかにも、山火事がないと子孫を残せない樹木や、土砂崩れがないと他の樹木との競争に負けてしまうものなど、自然に起こるいろいろな攪乱によって森が壊れることが、樹木が子孫を残すためには必要な場合がたくさんあります。攪乱の影響のなかで何十何百という世代交代を繰り返してきた結果として、現在見る樹木は生き残っているのです。すなわち、樹木は攪乱の影響が有利になるような進化をとげてきたわけです。そのように考えると、森が壊れることは必ずしも樹木にとって悪いことではありません。また、大きくなる樹木だからといって、常に安定して子孫を残せるわけではないのです。

人に壊されてゆく森

自然の攪乱では、部分的に森が破壊されることが森の再生に必要な場合があります。しかし、明らかに壊されていく森もあります。それは人間の活動の結果です。日本では、とくに第二次世界大戦後、ブナ林や照葉樹林などの原生林を伐採し、スギやヒノキなどを植えるという政策が

写真4

人間が直接壊す場合もある

ブナ林の皆伐跡地。すでに、大面積の伐採は行われなくなり、6ha 程度のブナ林を皆伐して、杉を植林する。間には保残帯が残されている。（秋田県森吉山にて、1980 年頃）

ブナ林の皆伐跡地にスギを植林したところ。帯状にブナ林を残した場所（保残帯）以外はスギの苗が植えられている。（青森県、1980 年頃）

ブナを伐採したあと、もう一度ブナ林に戻そうとしたやり方。林冠木の約 70%を伐採して、残りは母樹として残す。施業から約 10 年経過して、一部の母樹は、伐採後に枯死している。林床はササが繁茂して、更新しているブナの稚樹は非常に少ない。（長野県、1990 年頃）

でも、こんな例もある

シカの皮剥ぎによって壊滅した大台ヶ原のトウヒ林。1980 年代にはまだ森林の状態であったが、壊滅状態となった。シカの皮剥ぎによって枯死した樹木が強風などによって倒伏している。

栃木県日光のハルニレーミズナラ林におけるシカの食害がもたらした変化。樹木の枝を見ると同じ場所で撮影したものであることがわかる。わずか 8 年でササがまったくなくなった。

撮影／熊谷朝臣

続けられてきました。それは、スギやヒノキの成長がブナやカシ類など広葉樹より早いことや、木材としての値段が高かったことがその理由です。第二次世界大戦後の復興期や高度成長期には、木材の需要が拡大したこともあります。この政策は最近まで続けられ、その結果、現在では森林面積のほぼ半分が針葉樹の人工林に変えられました。

積雪の多い地域にはブナの原生林がたくさん残っていましたが、その多くがスギの人工林に変えられました。しかし、スギはブナほどには雪の多い環境に強くないため、せっかく植えたスギがまっすぐに育たなかった場所も少なくありません。1980年代以降は、スギの植林を減らし、ブナ林を伐採するときにも種子をつけるブナを一部に残して、ブナ林を再生させるという方法が行われるようになりました。しかし、伐採されて明るくなった林内でササ類などが茂りすぎてしまい、発芽したブナの芽生えがうまく育たず、ブナの再生はうまくいっていません。

スギやヒノキの人工林が若いうちにはシカのような草食動物の餌になる植物が豊富なため、草食動物の数

写真５　ブナの二次林。炭焼きあとに成立したと考えられている。(新潟県)

写真６　秋田県象潟町の「あがりこ」ブナ林。積雪期に萌芽を伐採してソリを使って運び出したといわれている。全部の萌芽を伐採せずに一部を残すと株が大きくなる。

は増加するといわれています。ところが、林が大きくなると、広葉樹林よりも地表面は暗くなってくるため、草食動物の餌植物は極端に少なくなってきます。広葉樹林を大量に伐採していた１９６０~１９７０年代には、シカの個体数はむしろ増加し、伐採量が減少してきた１９８０~１９９０年代には成長した森林が多くなってシカの餌が減少したため、シカは餌を求めてさまざまな場所に出没するようになったと考えられています。奈良県の大台ケ原では、樹皮がシカに食べられてトウヒの森が枯れてゆきました。シカは稚樹も食べてしまうため、30年前にはトウヒのうっそうとした森だった場所が壊滅状態になりました。また広葉樹林でも、ササなどの植物や樹木の芽生えがシカに食べられ、森の風景がわずか10年で大きく変化しました。さらに、シカやサルが人家近くに出没して農作物に被害を与えることも急速に増えています。このように、戦後の日本の森林は、人間が大きく変化させてしまったのです。

人がつくる森

一方で、長い期間人間がじょうずに使ってきた森もあります。最近のやり方では再生の難しいブナ林でも、昔の人たちがたくみに再生させた例もあります。ブナ林はすべて原生林というわけではありません。東北地方には、かつて森のなかで牛や馬を放牧していたところが少なくありません。そのような場所では、牛や馬はササ類や低木などブナの稚樹の競争相手になる植物を食べるので、ブナの稚樹がたくさん育ちます。そのような場所で、炭焼きのために林冠に達した木を伐採したところでは、きれいなブナの二次林ができあがっています。最近数十年間のブナ林再生がうまく行かなかったことと対照的です。

人里の付近にある薪炭林もうまく管理されていた森でした。いわゆる里山の雑木林です。薪炭林というのは、燃料にするたきぎを集めたり、炭焼きを行う林、という意味です。かつては、人家から近い森ではたきぎを、遠い森では炭を主に生産していました。炭は薪よりも軽いため、長距離運搬に向いています。そのため、里から近い山では自家用としてたきぎが、遠い山からは商品としての炭が生産されていたようです。炭を焼くには数日間、窯の火を管理する必要があるので、泊りがけで炭焼きが行われたところも多いようです。

ナラ類やカシ類は薪や炭としてよい品質をもっていると同時に、伐採しても地下の根が生きていてひこばえ(萌芽)を出す性質をもっています。したがって、薪炭林として繰り返し利用した森は、ひとつの株に数本の幹をもつ樹木が多くなります。萌芽する性質は、種を撒いたり苗を植えたりする必要を減らすので、人間にとっては森林の管理作業を省くことになっていたでしょう。とはいっても、できるだけ短い期間で必要な太さの材が収穫できるように、萌芽の密度を調節するなどの管理は行われていたようです。また、伐採を繰り返すとしだいに萌芽能力が落ちてきて、株や幹の密度が低くなるので、どんぐりを埋め込んだり、苗木を植えたりもしていました。

さらに薪炭林では、落ち葉を採取して堆肥や腐葉土をつくり、農作物の耕作に使っていたところが多いようです。落ち葉かきの作業は、葉が

写真 8 関東地方の手入れのよい二次林。林床植生の高さは低く、毎年落ち葉かきがされていることがわかる。林床にはたくさんの種類の植物が生えている。

写真 7 落ち葉かきをしている雑木林。（埼玉県所沢、1990 年ころ）

写真 9 落ち葉かきを停止して約 10 年くらい経過した雑木林。林床の植物の種数が少ない。（茨城県、岩井）

落ちきった冬から春にかけて行われますが、ただ落ち葉を集めるだけでなく、低木やササなども刈り払って一緒に集められます。こうした作業により、林内は比較的明るく、カタクリやキンランなど、いろいろな植物が生きてゆける環境に保たれていました。つまり、このような森は、人間が樹木の性質や再生のサイクルを上手に利用しながら資源を使っていた結果として生まれていたのです。

しかし、私たちの生活がたきぎや炭を使う生活から電気・ガス中心の生活に変わり、落ち葉で堆肥や腐葉土をつくるということも少なくなってしまいました。その結果、雑木林の伐採サイクルが昔利用していた時より長くなり、ササ類や低木も生い茂った林になってしまうところが増えています。樹木が大きくなりすぎると、ナラ類やカシ類もだんだん萌芽能力を失い、最後には伐採しても萌芽しなくなるというような状況に至ります。また、落ち葉かきをやめてササ類や低木の茂った雑木林では植物の種類も極端に少なくなってしまいます。

森の動きを知って森とつきあう

このように見てくると、森の再生のしくみを理解しないと、生態系の保全も資源の利用もうまく行かないことがわかると思います。時々起こる攪乱は生態系の保全には欠かせない場合がありますし、樹木の性質を理解していないと、たきぎや炭も有効には利用できないし、森の植物の多様性も失ってしまうのです。とは言っても、大きな攪乱は人間の命や財産を奪ったりすることもありますし、昔の通りの森の使い方ができるわけでもありません。森のしくみをよく理解し、その場所の状況や、今の社会・経済状況に合わせた新しい利用方法を考えたりすることが必要になるのです。

著者略歴

中静透（なかしずか とおる）
東北大学生命科学研究科教授。森林の動きや樹木の個体群動態を、マレーシア、タイ、日本の森林で研究している。最近は、生物多様性と人間の森林利用の関係に興味がある。

木という生き方

国立環境研究所
竹中 明夫

見る人に畏敬の念を抱かせるほどの巨樹。しかし、毎年茎を作り直す丈の低い草だって同じ植物。考えてみれば、木が大きくなるのは不思議なこと。「なぜ木は大きくなるのか」から、木の生き方の基本を考えてみよう。

「大きくなる」とはどういうことだろうか?

「あとは野となれ山となれ」は、とりあえずその場がなんとかなればよい、あとのことは知らないよという意味の成句です。けれども、森林生態学者の只木良也さんはこの成句を別の視点からとらえてみせます。土地を放置しておけば草原となり、木が生えて森（すなわち山）となるのは、日本の恵まれた気候条件があればこその現象で、たとえば乾燥した土地では、あとは沙漠でそのまんまだというのです。確かにその通りです。

寒すぎず、乾きすぎず、土にそこそこの栄養があれば木が生えて森ができます。日本は湿潤で温暖なので、高山をのぞいた陸地はほぼどこでも、放っておけば森になります。人間はずいぶん森を切り開いて農地にした

森に木々が生えている。なにごとの不思議はないけれど…

り市街地にしたりしましたが、それでも日本の陸地の約7割は森林でおおわれています。ただしその半分は、植林地など、人間の手で管理されている林です。植林地はいわば木の畑ですが、それも木が育つ条件があればこそ成り立っている畑です。

　草とちがって、木は茎が1年ごとに枯れてしまうことなく、前の年の茎に新たな茎をつぎ足して成長していきます。茎は年々太くなり、りっぱな幹となり枝となります。種類によっては、条件さえよければ高さ１００メートルにもなります。木は大きくなるものだと思って眺めればなんの不思議もない森の風景ですが、進化の歴史にも思いを馳せながら、木という生き方の意味をあらためて考えてみましょう。

陸上植物の歴史と体内分業体制

超ダイジェスト版：森の歴史

　今から38億年前、海の中で最初の生命が誕生しました。それから数億年たったころ、光をエネルギー源にして有機物をつくり出す生物が生まれました。光合成細菌とよばれる生物です。光合成は、二酸化炭素と水を原料にして有機物を作るはたらきです。そのときに副産物として酸素も作られます。酸素は長い時間をかけて徐々に大気中に蓄積します。蓄積した酸素分子からはオゾンができます。上空のオゾンは生物にとって有害な紫外線を吸収します。こうした大気の変化を待って、はじめて生物は陸上に上がることができました。今から5億年前のことです。海と陸が別れてから実に35億年の間、陸上は生命のいない、もちろん森などない、むき出しの地面だったことになります。

　陸に上がった植物の祖先から、5000万年ほどの間にコケやシダのなかまが進化してきました。コケは地面に貼りついて生活しますが、シダは茎や葉を空中に伸ばします。やがて、高さ何メートルも茎を伸ばす木本性のシダがあらわれ、それらが群落を作るようになりました。これが森の始まりで、今から3億5000万年前のことです。陸上に植物が上がってからの歴史については、「森の4つの共生系」でも説明されています。

　3億5000万年というと気が遠くなる昔のことのようですが、46億年の地球の歴史の中では、大地を森がおおうようになったのはずいぶん最近のことのようにも感じられます。時には考える時間のスケールを変えて世の中を見渡してみると新鮮です。

　その後の歴史をもう少したどってみましょう。胞子で増えるシダ植物から、種子をつくる裸子植物が進化しました。裸子植物はみな木で、マツやスギ、イチョウ、ソテツなどのなかまです。2億5000万年から1億5000万年ほど前には、裸子植物が広く陸地をおおうようになりました。その後、花らしい花が咲く被子植物のなかまが生まれ、たくさ

写真1　森の構成メンバーの歴史

植物が陸に上がってから5000万年かけてシダ植物が進化し、それから1億年後には木生シダの森林ができた。写真は現生のヘゴ。

3億年たらず前には裸子植物（今のマツなどのなかま）が生まれて森を作り、1億3000万年前には被子植物（花らしい花が咲く植物）が生まれた。

図1　植物の体の分業体制

葉は光を受けて光合成を行う。
茎は葉や花、果実を
高く広く配置する。
水や有機物を運ぶ
パイプ役も果たす。
根は水や栄養を吸うとともに、
地面に植物体を固定する。

写真２　「木化」による補強

木材は鉄よりもずっと強い（比重当たりで）。

んの種類が進化してきました。現在、地球上には約１万種のシダ、1000種足らずの裸子植物、そして約25万種の被子植物が生きていると言われています。

水の補給と足場固め
――根

　生物が生きていくために水は欠かせません。オゾン層が紫外線を吸収してくれるようになったとはいえ、水中の生活に適応した藻類が、そのまま陸に上がれたはずはありません。

図2　茎というハイテク

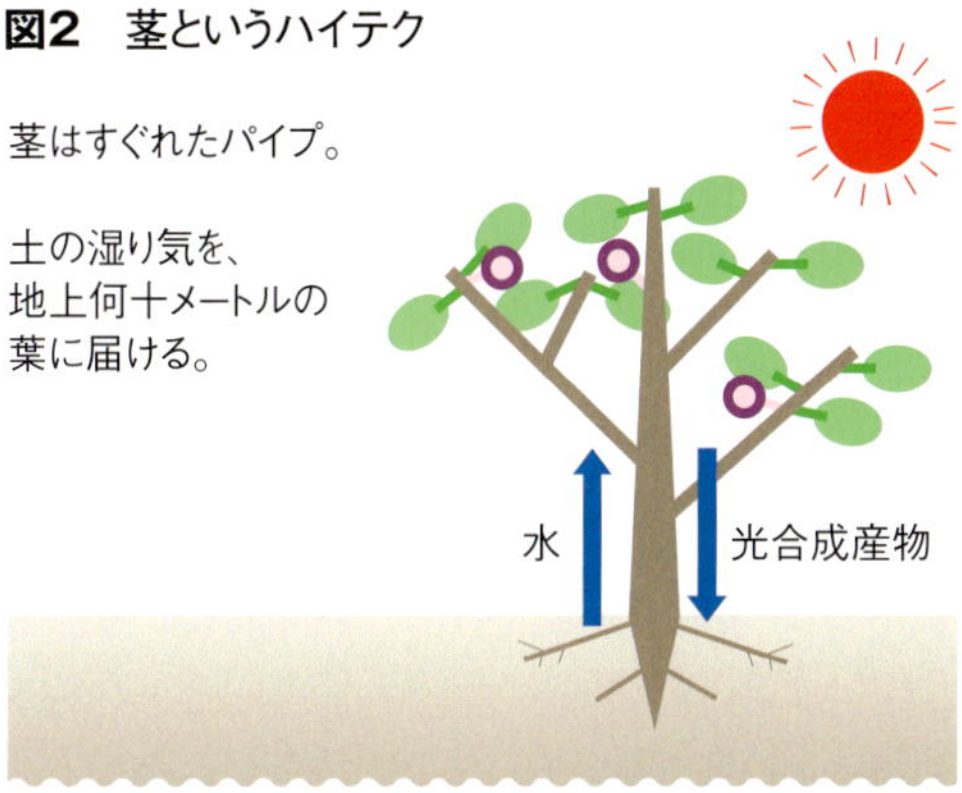
茎はすぐれたパイプ。
土の湿り気を、
地上何十メートルの
葉に届ける。
水
光合成産物

水分を補給するしくみと、体内に取り込んだ水分がすぐに蒸発してしまわないようにするしくみを持つ必要がありました。さもないと、たちまち干からびて死んでしまいます。

　植物は、クチクラと呼ばれる物質で体の表面をおおって蒸発を抑えることに成功しました。それに加えて、シダ植物、裸子植物、被子植物は、みな土の中に根を伸ばして土の湿り気を吸収し、水分を補給しています。水だけでなく、水にとけている窒素などの栄養塩類を吸収することも根の大切なはたらきです。さらに地上の茎や葉をしっかりと大地につなぎ止めるのも根の役目です。地面に根を張ったことは、上へと伸びる足場を固めたことにもなります。

葉を支え、水や栄養を運ぶしくみ
――茎

　シダ植物、裸子植物、被子植物はいずれも葉を広げて太陽からの光を受け、光合成をしています。葉と根をつなぐのが茎です。茎は、葉を地上に広げる足場であるとともに、根が吸収した水や栄養（窒素など）を葉へと運ぶパイプでもあります。茎が枝分かれすることで、上に伸びるだけでなく横に広がることができます。葉、茎、根という分業体制の確立により、植物は地表面から立ち上がることができました。

　シダ植物、裸子植物、被子植物をまとめて「維管束植物」と呼びます。これらはいずれも「維管束」と呼ばれる組織を持っているからです。維管束は、水などの輸送専用の細胞が集まったもので、根から茎、そして葉へと通じています。あまり厚くない葉を光にかざしてみると、すみずみにまで維管束が張り巡らされているのがわかります。根で吸収した土壌中の水分は、維管束を通って、地上数十メートルのところで風に吹かれている葉にまで送り届けられます。維管束の細胞の細胞壁にリグニンという物質がたまると木質化し、たいへん丈夫になります。茎や根が太くなり、また木質化することで、高木もしっかりと立っていることができるのです。根、茎、葉の分業体制は、維管束の発達と切り離せません。

　茎葉を広げる足場としての茎も優秀です。木材は鉄よりはずっと弱い材料だと思われていますが、比重（体

写真３　上と横への広がり

木は何年もかけて茎を積み重ねて高く伸び、横に広がる。上に伸びているのはメタセコイア（右）、横に広がっているのはネムノキ（左）。

積あたりの重さ）の違いを考えると、重さあたりでは木材のほうが鉄よりも強いことになります。人間は、このすぐれた素材を、住居を作ったり道具を作ったりするために利用してきました。

年々の積み重ね

木は成長とともに、高く広く枝を伸ばします。木と草の区別はややあいまいで、どちらとも言いがたい植物も少なくありません。おおざっぱに言えば、地上の茎が一年で枯れず、年々長く、太くなる植物が木です。ただ、竹の茎は何年も生きていますが、たけのこが一気に成長して伸び切ったあとは長くも太くもならないので、木とは呼びにくいものです。また、高山には高さが10センチメートルにも達しないツツジ科などの木があります。これでも木かといぶかしく思われますが、地上の茎は木化し、年々少しずつ伸びています。

前の節では根、茎、葉の分業体制について考えました。葉を持ち上げる足場、そして地中の水を供給するパイプとしての茎が発達したことで、植物は空に向かって伸びることができるようになりました。前の年につくった茎を足場にして、さらに茎をつぎ足していく木の生き方は、とくに高く伸びることに向いています。毎年ゼロからやりなおす草本では、とても10メートル、20メートルという高さまで伸びることはできません。

より高く、より広く
——なんのために？

高く伸びる木という体制は、どうして進化したのでしょうか。なにかよいことがあるから自然選択で選ばれてきたのだと思われますが、高く伸びるとどのようなよいことがあるのでしょうか。

なによりも大きいのは、光の獲得をめぐる競争で有利になることです。太陽と空からの光は地平線より上から差してきますから、上にある葉と下にある葉では、上の葉がまず光を受け、下の葉はそのおこぼれにあずかるだけです。足場となる茎を高いところへ伸ばせば、葉も高いところにつけることができます。他の個体が上へ上へと伸びているとき、自分だけ地面の近くにとどまっていたのでは、文字通りに日の当たらない生活を強いられます。

上に伸びるだけでなく、横方向に広く枝を伸ばせば、それだけ光を受ける面積を大きくできます。光は広く薄く降りそそぐエネルギー資源です。広い面積で受ければそれだけ多くの光を獲得できます。葉を大きくして面積をかせぐのには限りがありますが、丈夫な幹と枝を持つ木では、上から見たときの投影面積が直径10メートルを越えることもごく普通に見られます。

高く伸びることのメリットは、多くの光を受けることだけではありません。高い木は空から見たときに目立ちます。花を訪れた昆虫や鳥に花粉を運んでもらって種子をつくる植物では、目立つことは大きなメリットです。１本１本の木がかろうじて見分けられるぐらいの距離から山肌を見ると、ところどころで満開の花をつけている木に気がつくことがあります。鳥が果実を食べて種子を散布する植物でも目立つことは大切でしょう。なお、動物に頼らない風任せの散布でも、高いところに花や種子、あるいは胞子をつけたほうが広い範囲に散布できてよいと考えられています。

図３　「高く広く」の利点

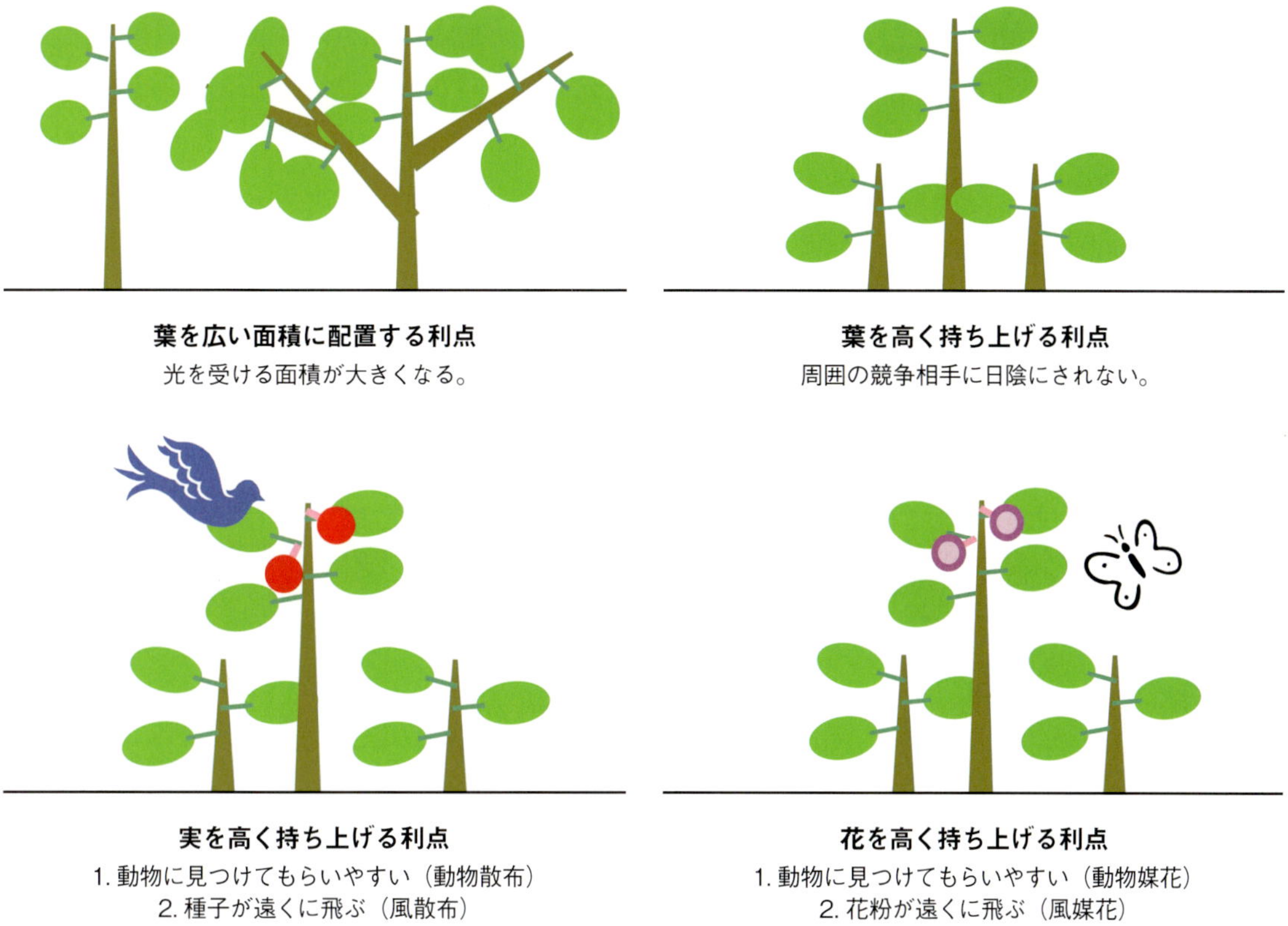

葉を広い面積に配置する利点
光を受ける面積が大きくなる。
葉を高く持ち上げる利点
周囲の競争相手に日陰にされない。
実を高く持ち上げる利点
1. 動物に見つけてもらいやすい（動物散布）
2. 種子が遠くに飛ぶ（風散布）
花を高く持ち上げる利点
1. 動物に見つけてもらいやすい（動物媒花）
2. 花粉が遠くに飛ぶ（風媒花）

高さに限界がある理由
――4つの仮説

　ところで、現在、地球上で知られているもっとも高い木は、北アメリカのカリフォルニア州で発見された１１２メートルの針葉樹です。過去にさかのぼれば、19世紀末にオーストラリアで高さ１５０メートルのユーカリの記録があるそうです。日本国内では高さ70メートルを超えるスギが見つかっています。いずれも近くで見れば圧倒される高さにちがいありません。一方、どうして２００メートル、３００メートルの木はないのでしょうか。本来はそれだけ高くなる潜在的な能力はあるけれど、その高さに達する前にたまたま枯れてしまうのでしょうか。おそらくそうではなく、いくら大事に育てても木の高さの成長には限りがあるようです。では、なぜ限りがあるのか、これまでいろいろな説明が考えられてきました。おもなものは4つです。

　１つめは、大きくなるほど稼ぎ手である葉に対してそれ以外の部分の比率が大きくなるため、というものです。葉以外の部分も生きている以上は呼吸をしてエネルギーを消費します。それをまかなうだけでやっとだという状態になったら、それ以上の成長に回す資源は残らず、成長は止まるだろう、という仮説です。大きくなるほど葉以外の部分の比率が高まるのは確かです。幹の内部はほとんど死んだ細胞でできていることを考えに入れても、葉の稼ぎに対する呼吸量の比率は植物の成長とともに大きくなります。けれども、くわしく検討してみると、高さの成長が止まった木の呼吸量は、決してまかないきれないものではないことがわかります。したがって、この仮説はおそらくはずれであろうと考えられています。

　２つめは、大きな木の上のほうでは、新しい茎や葉をつくる芽が老化して伸びなくなるのではというものです。けれども、高木の上のほうから切り取った枝を若い苗に接ぎ木してみると生き生きと成長することから、この仮説もはずれであることがわかります。

　３つめは、ある程度成長したらそれ以上は伸びないように、遺伝的にプログラムされているのだという仮説です。樹種によってはこれが主要

写真4　森の断面図

森の高木は、上方にだけ葉をつけていて、下の暗いところの葉はまばら。

写真5　日当たりと枝のふるまい

日当たりのよい枝がたくさん新しい枝を作り、日陰の枝が枯れれば、自然と明るいところに枝と葉が多く配置される。

なメカニズムになっているようです。たとえば、アジサイをどんなに大切に育てても高さ10メートルにはなりません。低木と呼ばれる木々は、高くならないように遺伝的にプログラムされています。根元から伸び出して数年たった枝はそれ以上は伸びずに花と葉をつけるだけになったり、何年かすると枝ごと枯れて、根元から伸びだした他の枝にゆずったり、といったしくみで低い体制を保っています。

4つめの仮説は、高い木になると根が吸収した水を葉まで届けるのがたいへんになるので、葉がつねに水不足状態になって光合成生産も低下し、成長が鈍るというものです。これはかなり有望そうな仮説ですが、水不足による光合成の低下が本当に成長をストップさせるほどのものなのか、まだ結論がでていない状態です。

木の形はどう決まる？

森の木々を見ると、幹の下のほうは緑の葉をつけた枝がないか、あったとしても枝先に少しだけ葉がついているようなものが多いことに気がつきます。ほとんどの葉は、木の上のほうに集中しています。枝や葉が集まっている部分を樹冠と呼びます。

1本の木がのびのびと成長している様子は、自然のなかではなかなか見られません。よい環境のところに1本しか木がないということはまずなく、多数の木々が肩を並べて育っているはずです。1本立ちの木は、公園の中など、人間が管理しているところで見つかります。その様子を見ると、森の木よりも低いところにまで緑の葉をつけた枝があるでしょう。それでも、幹に寄り添って上を見上げると、多くの葉は樹冠の表面近くに集中していることがわかります。

1本だけ生えているのでもないし林の中の木でもない、林が道に面している縁などの木の樹冠を見ると、おもしろいことに気がつきます。林の中に面した内側は下の枝がなくて森の中の木のような形ですが、林の外に面した側は、1本だけで生えている木のように、下のほうまで枝がある、非対称な形をしています。

こうした環境による樹冠の形のちがいを見比べてみると、「明るいとこ

図4　コンピュータシミュレーションで再現する柔軟な形作り

1本だけで育てると上から下まで枝と葉をつける木を何本も集めて林の状態で育てると、中央の木は下枝が枯れ落ちる。林の縁の木は内向きの下枝だけが落ち、明るい外側に多くの枝葉が集まる。

1本だけで育てると上から下まで枝と葉をつける樹木を……

林の状態で育ててみる。

林の中央の木。下枝が枯れ落ち、上のほうだけに枝と葉がある。

林の縁の木。内向きの下枝が落ちている。

ろに枝と葉を重点的に配置する」というルールに従っているように見えます。植物にとって光のみがエネルギー源ですから、どうせ葉をつけるなら明るいところに集中させたほうがよいのは当然です。では、どのようなしくみでこのような樹冠の形作りは可能になっているのでしょうか。

無情な切り捨てによる効率化

春、木々が芽吹くころ、新しい枝がどこからどれだけ伸び出しているかを観察してみます。とくに常緑の広葉樹がわかりやすいでしょう。日当たりがよいところの枝からは2本・3本、あるいは5本以上もの枝が伸びているのに、日当たりが悪いところの枝ではやっと1本伸びるだけ、もっと暗いところでは芽が吹かずに枝ごと枯れかかっていることもしばしばです。日当たりがよいところではたくさん枝をつけ、暗いところでは少しだけ、もっと暗いと枝が枯れてしまうという過程を毎年繰り返していくと、明るいところにはたくさんの枝が集まり、暗いところはすかすかの樹冠ができていくことになりそうです。その様子はコンピュータシミュレーションで再現することもできます。

明るいところの枝についた葉がどんどん光合成しているのであれば、光不足で苦労している暗いところの枝を助けてあげてもよいような気がします。でも、実際にはそういうことは起こっていないようです。それはどうしてでしょうか。

新しい枝を伸ばすときには、親枝から材料をもらわなければなりません。親枝が使える材料は無限ではないので、明るいところの枝が暗いところに作る子枝の量を犠牲にすることになります。どうせ枝を作るなら、明るいところにまとめたほうが、個体全体が受け取る光の量は多くなるでしょう。かせぎの良くない枝は早々に見限ったほうがよいのです。

詳しく調べてみると、明るいところの枝は日陰の枝を助けないというだけではありません。個体全体が暗いところで生育している個体と、個体の一部は比較的明るいところで光を受けている個体とで比較したところ、後者のほうが暗いところの枝が枯れやすいことがわかりました。稼ぎがよいところの枝への集中投資をするために、稼ぎが少ない枝は積極的に落としてしまうということです。葉や枝を枯らすと、葉のなかの栄養分の一部を回収して他に回すこともできますし、その枝を物理的に支えることも不要になります。稼ぎのよしあしで枝の選別をすることで、個

写真６　高木の稚樹の「伸びる樹形」と「待ちの樹形」

比較的明るいところで見られる上に伸びる樹形（シラビソ）

暗いところで見られる傘型の樹形（これもシラビソ）

光不足を前提に、そこでの成長と繁殖がうまくいくように進化した低木樹種の例（ハナイカダ）

体全体の効率をよくできるというわけです。人間の社会になぞらえてみると、たとえ黒字経営の支店であっても、稼ぎがたいしたことがないのなら、その支店を閉鎖してしまい、その分の人材や資金をもっとはやっている支店の拡充に回すということです。なかなか厳しいしくみです。

「行けるところまで」「今に見ていろ」そして「それなりの暮らし」

高木が肩を並べている林のなかで、あとから育つ子供の木（稚樹）が追いつくのは簡単ではありません。高木がおおかたの光をとってしまうため、比較的明るい落葉広葉樹の林でも林のなかまで届く光は10％程度です。常緑広葉樹の林ではほんの数％程度の光しか届きません。そんな悪条件のもとで発芽した木の芽生えが10メートル、20メートルも上の木々に追いつくのはとても無理というものです。富めるものはますます富み、貧しいものは日陰の暮らしに甘んじるしかないという厳しい世界です。

そんななかで、高木の稚樹はどのように暮らしているのでしょうか。一部の樹種は、少しでも上に伸びようとします。「行けるところまで行く」という生き方です。伸びているうちにひょっとして明るいところに頭を出せる幸運に恵まれるかもしれません。すぐあとで紹介する林冠ギャップのなかでは時にそういう幸運もあるでしょう。

そうした背伸びをしない樹種も少なくありません。暗いなら暗いなりに、無理せず長生きできるよう、高く伸びるよりも横に広がって光を多く受けることを優先した体制をつくって堪え忍びます。いわば「今に見ていろ」という生き方です。そうした日陰者にも、ときにチャンスがやってきます。高木が枯れて林冠にすきま（林冠ギャップ）ができると、その下にはたくさんの光が注ぐようになります。そのエネルギーを使って高さの成長を加速した稚樹が林冠ギャップを埋めていきます。これが林冠のギャップ更新と呼ばれるプロセスです。１つのギャップのなかでは、何個体もの稚樹が厳しい競争を繰り広げることが普通です。

一方、最初からギャップはあてに

図５ 行けるところまで背伸びをする稚樹

このほか、背伸びをすれば明るいところに出られるかも…と力を振り絞る樹種もある。
力尽きる個体も多いが、時に闇からの脱出に成功する個体もあるので、こんな生き方も進化した。

せず、林の中の日陰で「それなりの暮らし」で一生を過ごす樹種もあります。低木と呼ばれるものには、このような暮らし方をするものが多く見られます。先ほど木の高さに限りがある理由を考えましたが、その1つが「遺伝的に決まっている」というものでした。低木はまさにそのメカニズムがあてはまります。有機物、すなわちエネルギーや材料のたくわえが枝を高く伸ばせるだけのものであってもあえて伸びず、花を咲かせたり果実を実らせたりするのにたくわえを回すという生活をしています。

植物は、動物とちがって動き回って資源を探すことはしませんが、茎や根を伸ばして資源を探索します。その伸ばし方は動物のえさ探しにたとえることができます。ですから、「行けるところまで」「今に見ていろ」そして「それなりの暮らし」という生き方の3つのタイプが体制づくりのタイプと対応していることは、まったく不思議なことではありません。

木の生き方を理解する基本

この章では、木という生き方をあらためて考え直してみました。年々茎を積み重ねながら、高く伸び、広く枝をはって樹冠を作る木の生き方は、まわりの木との光をめぐる競争に勝ち抜く、そして種子、花粉、胞子の散布を効率よく行うという自然選択によって進化してきたものと考えられます。また、あえて高さの競争に加わらず、日陰で節約型の生き方を選んだ種類も少なからずいます。

世界の各地にそれぞれ個性のある森があるのはもちろん、日本のなかでも常緑広葉樹の林や落葉広葉樹の林、常緑の針葉樹の林、そしてそれらが混ざって生えている林など、いろいろなタイプの森林を見ることができます。それぞれの個性はありますが、木の生き方の基本は同じです。その基本を知ったうえで改めて森の中をゆっくりと歩いてみると、木々の暮らしがより生き生きと見えてくることでしょう。

著者略歴

竹中明夫（たけなか あきお）
（独）国立環境研究所生物圏環境研究領域。植物がどのように光をめぐって競争しているのか、競争している多種の植物がどのように共存しているのかが興味の中心。理屈をこねるフィールド生態学者を目指している。

森と水の関係

「治水の要は治山にあり」
（河村瑞軒）
「水源を涵養する山林を作り、
永遠の謀を立て、
備前國の富をなす、
民今に至て、
其の賜を受く」
（織田完之による熊沢蕃山の紹介）
「山は国の宝なり。
しかし、切り尽くせば用をなさず、
尽きざる以前に備を立つべし。
山の衰えは即ち国の衰えなり」
（渋江政光）
撮影／久保田勝義

森が治山・治水に役立つことは古くから知られ、実際に役立てられてきた。現在でも「森は緑のダム」と呼ばれ、森林のそうした一面に期待が寄せられている。しかし、私たちの生活のあり方が大きく変化した今、森林に昔と同じような役割を期待することはできるのだろうか？ 森と水の関係を、基本から考えてみよう。

九州大学農学部附属演習林 宮崎演習林
熊谷 朝臣

森林の治山・治水機能は、古くから認識されてきました。そして実際に機能もしてきました。河村瑞軒は、大阪の洪水の原因を淀川上流域のはげ山にあるとし、そこへの植林の必要性を幕府に提言しました。熊沢蕃山は、山林の樹木によって雨水が調節され洪水・土砂流出が防げるとし、

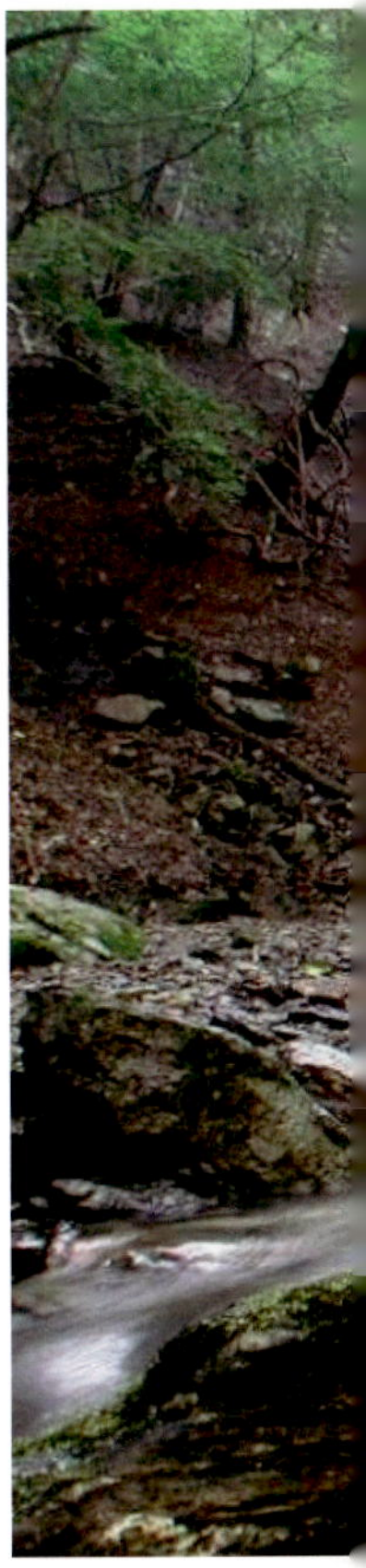

山林の乱伐・乱掘の禁止と植林の奨励に関する法令を出しています。渋江政光は、農業生産の安定化と革新的な租税法の考案により秋田藩の財政を支えた人物として知られていますが、彼には山林の保護による治水・治山の思想がありました。森林に国土保全や水源涵養の機能があるのは、間違いありません。

近年、国民の公共事業への不信感も相まって、「脱ダム宣言」や「緑のダム」構想という言葉が示すように森林の治山・治水機能への期待はこれまでにないほどに高まっているように思います。大規模な自然改変をともなうダムに頼らない治山・治水が望まれているのでしょう。昔できていたことなのだから、今もできるのではないか、と考える人も多いのかもしれません。

しかし、そのころと現代とでは、決定的な違いがあります。産業やそれにともなう土地利用の変化、大都市が登場したことなどです。近代になって、下流に人口密度の非常に高い都市が発達し経済活動が活発に行われるようになると、都市を確実に氾濫から守りつつ、昔から比べると格段に増した水資源の需要を満たす必要が生じました。そこで、これまでのように森林の機能だけに頼るのは心許ないという考えからダムの利用が始まったのです。下流域に暮らす人々の生活を、ダムでなければ守ることができないような場合があるのではないのでしょうか？

私たちは、自然とか森とかを無条件に「良いもの」と認識しがちです。もちろん、森林が持つ機能だけで十分で、ダムが不必要な場合はあります。そのようなとき、無用な自然改変を避けるべきなのは当然です。しかし、ダムが必要か必要でないかの判定は、対象とする場所の気象条件から森林の立地条件、さらには下流域の社会条件まで考えたうえで、科学的判断によるべきです。「とにかく森は素晴らしい」という情緒的判断から、森林の能力を過度に評価してはいないでしょうか？　ここでは、森林の中での水の動きとその科学的背景を紹介します。森と水の関係の基本を学ぶことで、森林の治山・治水機能の能力の限界を知り、またその素晴らしさを再認識することもできると思います。

「治水の要は治山にあり」（河村瑞軒）
河村瑞軒（一六一八〜一六九九）　江戸時代の商人で、土木家としての功績から旗本に列せられた。安治川、淀川、中津川の治水工事や、物資輸送のための海運航路、東回り航路・西回り航路を完成させた。

「水源を涵養する山林を作り、永遠の謀を立て、備前國の富をなす、民今に至て、其の賜を受く」（織田完之による熊沢蕃山の紹介）
大意　水源をはぐくむ山林をつくり、長期的な展望をもって備前国の財産をつくった。人々は今もその恩恵を受けている。
熊沢蕃山（一六一九〜一六九一）　江戸時代の儒学者。岡山藩主に仕え、土木事業により農業基盤を安定させたがのち藩を追われ、備前国（岡山県南東部）に隠棲した。
織田完之（一八四二〜一九二三）　明治前期の農政史学者。維新前は勤王家でもあった。維新後は大蔵省・内務省・農務省等に勤めた。我が国の農政の沿革を調査し、多くの著書を残した。

「山は国の宝なり。しかし、切り尽くせば用をなさず、尽きざる以前に備を立つべし。山の衰えは即ち国の衰えなり」（渋江政光）
大意　山は国の宝である。（山の樹木自体も財産であるが、それを）伐りつくしてしまえば山としての役に立たなくなってしまう。だから、伐りつくす以前に対策をとらなければならない。山の衰えはすなわち国の衰えなのだ。
渋江政光（一五七四〜一六一四）　安土桃山〜江戸時代初頭の武将。秋田藩の家老を務め、農業生産の安定に貢献した。

図1　森の中の水の動き

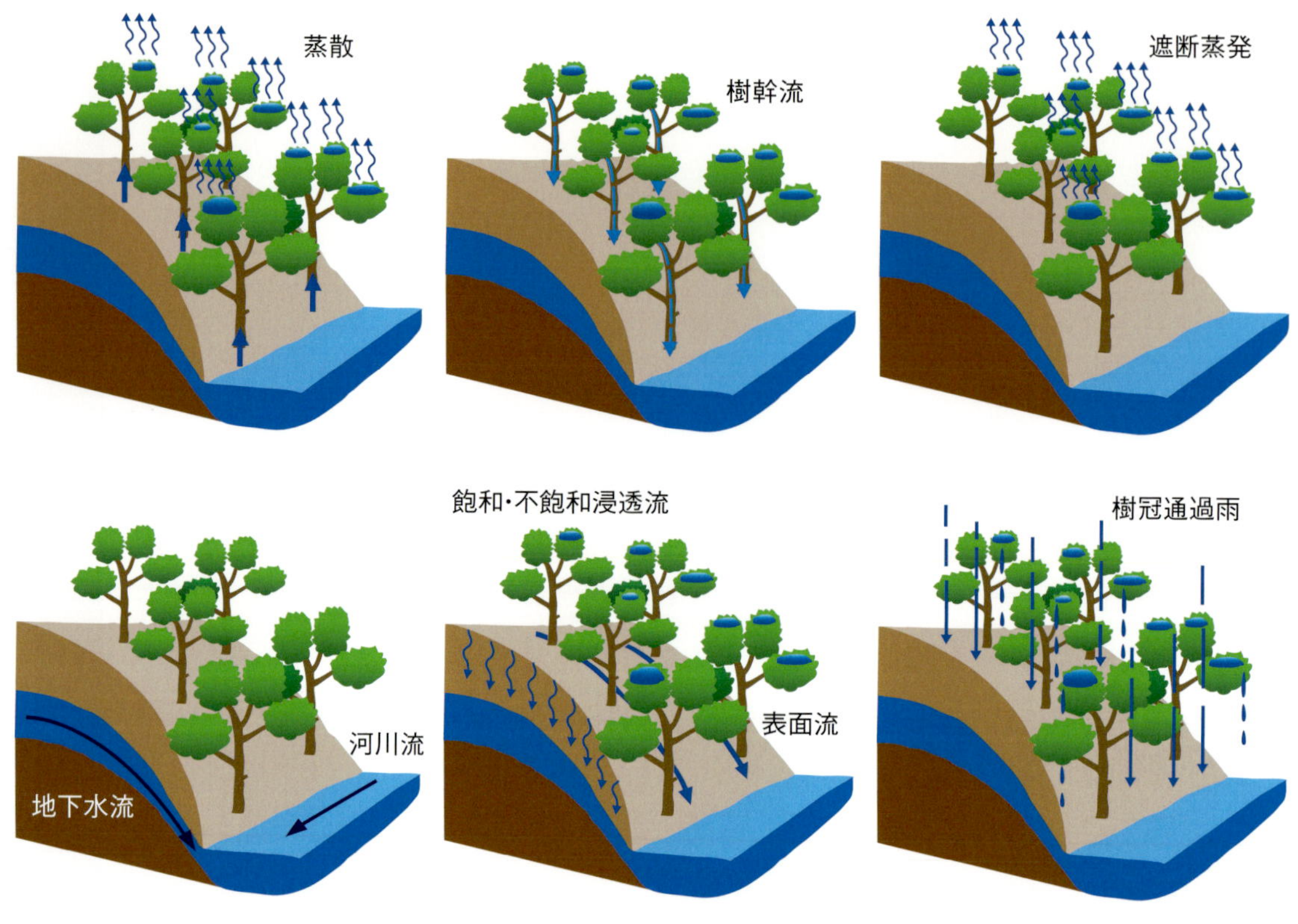

森林の環境保全機能

まず、森林の環境保全に関連する機能には、どんなものがあるのか整理してみましょう。よく言われることに、「洪水緩和」や「土砂災害防止」があります。森林があれば、山に降った雨が一気に下流に流れ出ることはないということです。樹木の根には土を接着剤のように結びつけるはたらきもあり、土砂災害も低減します。

「熱環境緩和」は、森林が土から水を吸い上げ葉を通して大気へ蒸発させる際に、気化熱により森林内外で気温が下がることです。これは、「森林は水を大気へ放出する」ということでもあります。ですから、森林が渇水を悪化させることがあり得るということも理解しておいてください。

さらに、これもまたよく言われる「水資源の安定供給」があります。洪水緩和作用の項でも紹介した森林の保水力のおかげで、雨が降らないときでも森林流域からは水が流れてくるということです。しかし、すぐ前で述べたように、森林は水を消費します。したがって、森林が水資源の供給を不安定にすることもあり得ます。

以上のような森林の機能は、森の中を水がどのように動いているのかを考えることによって、その理由を理解することができます。それでは、水の動きを一つ一つ見ていきましょう（図1）。

すべての水の動きの大本は雨です。雨は、まず、葉や枝（樹木の外側を形作っているこの部分は、「樹冠」と呼ばれます）に遮断され、そこに瞬間的に貯まります。そして、そこから蒸発して大気に戻ります。これは「遮断蒸発」と呼ばれます。樹冠に遮断されずに通過した雨、または、樹冠で受け止められたものの、その貯留能力を超えてしたたり落ちた雨を「樹冠通過雨」と呼びます。また、樹冠で受け止められた雨も、枝を伝って幹に至り、さらに幹を伝って地面に至ります。これが「樹幹流」です。地面にまで到達する雨は、この樹冠通過雨と樹幹流だけです。

さて、雨が激しく、地面に到達した雨の量が土壌の浸透能力を超える場合、また、地下水が上昇して地表面にあらわれる場合、雨は地表面を斜面に沿って流れ落ちます。これが「表面流」です。しかしたいていの場

図2　九州のスギの蒸散

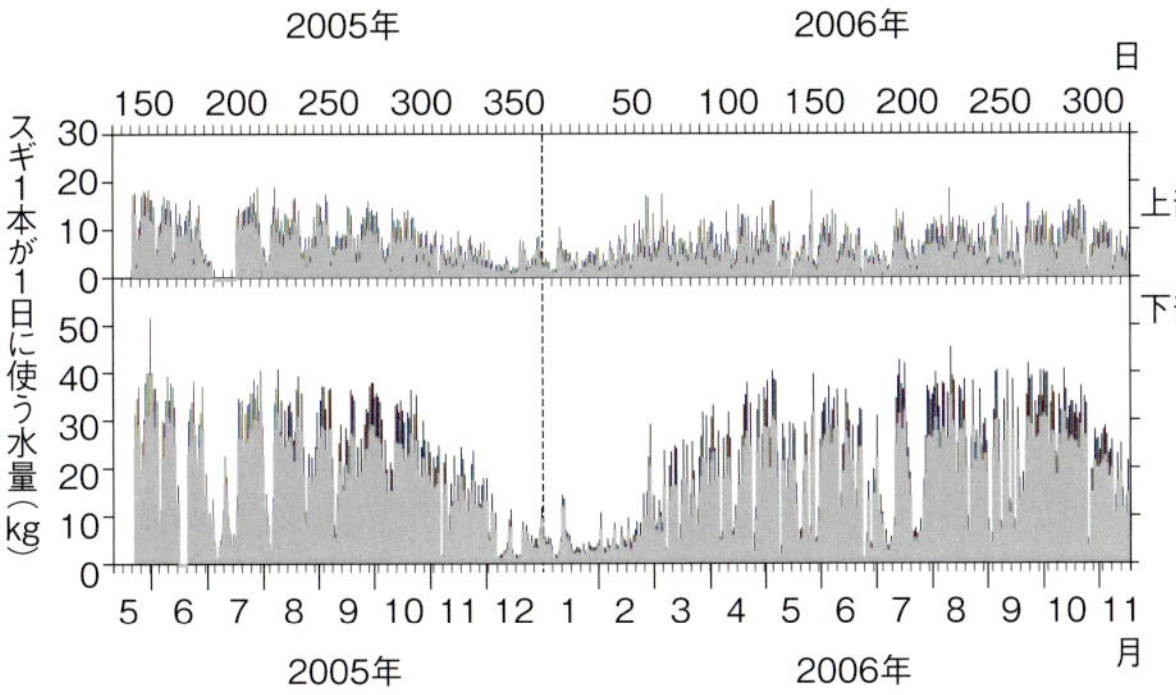

斜面の上部と下部の林分（20本程度ずつ）で蒸散量の測定。
1本当たりの水利用量がわかる。

合、土壌に到達した雨は、「飽和・不飽和浸透流」という形で、地中へ浸透していきます（飽和・不飽和という言葉については、のちほど詳しく説明します）。

土壌中に浸透した雨は、土壌により保持されます。この水分が根から吸収され幹内部を通じ葉に至り、大気へ放出されます。これが「蒸散」です。土壌に保水され、蒸散されながらも、水はゆっくりと岩盤へ到達し地下水面を形成します。岩盤の傾斜に沿って「地下水流」は河川に到達し、「河川流」として下流域に至るのです。

こうしてみると、実際に森林地に供給され、河川を通じ、私たちのもとにたどり着く水とは、雨から遮断蒸発と蒸散（合わせて、「蒸発散」と呼びます）を差し引いた分であることがわかります。

このような「森の中の水の動き」を眺めてみると、森林の治山・治水機能を説明するには、①蒸発散、②土壌の保水性、③流域からの流出、のそれぞれが、森が存在することでどのような影響を受けているのかを考えると便利であることがわかってきます。次では、①〜③のそれぞれを詳しく見ていきましょう。

森林蒸発散

まず、蒸散にはどのくらいの水が使われるのか見てみましょう。熊本県北部の森林流域で、図2のような斜面の上部と下部のスギ林で蒸散量を測ってみました。スギは谷部のように湿ったところで成長が良く、逆に尾根部のように乾燥しやすいところではうまく育ちません。そのためこの林では、同じ年齢であるにもかかわらず、下部のスギは上部のスギより圧倒的に大きくなっています。この木の大きさをそのまま反映して、下部のスギは、多い日で1本あたり40キログラムもの水を使っていました。一方、上部のスギは多い日で15キログラム程度の水を蒸散していました。

このようなデータをもとに、森林（ここでは、スギ林）流域の年間の水収支を考えてみました。年降水量は２１２３・５ミリメートルで、斜面上部の蒸散量は３１１ミリメートル、下部では３６６ミリメートルでした。遮断蒸発は２００〜３００ミリメートルと考えられるので、蒸発散量は６００〜７００ミリメートルであっ

図3　葉の表面にある気孔と葉の断面から見た気孔

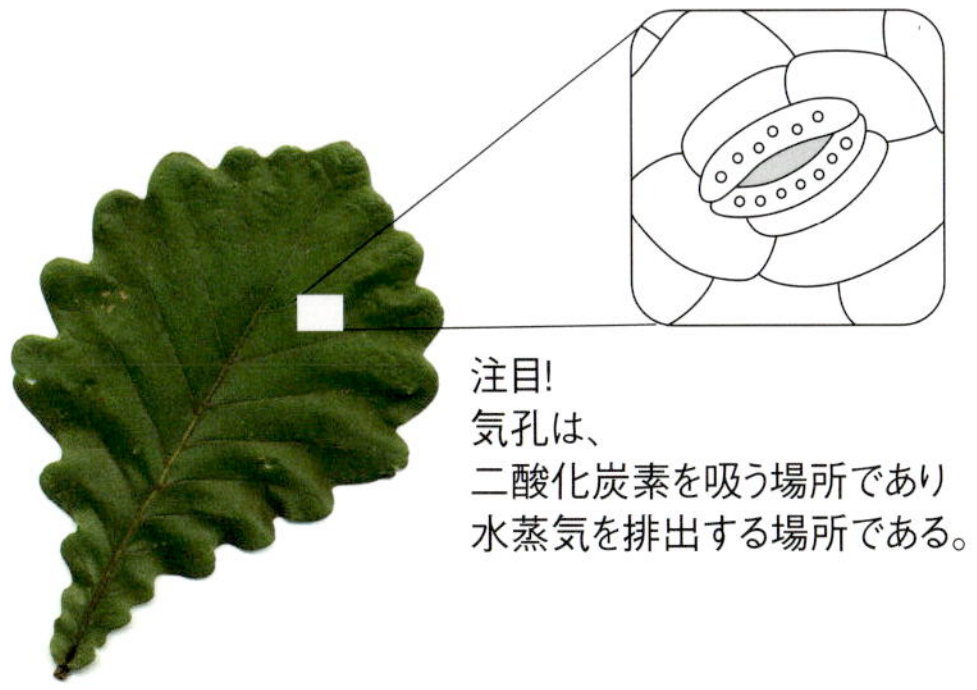

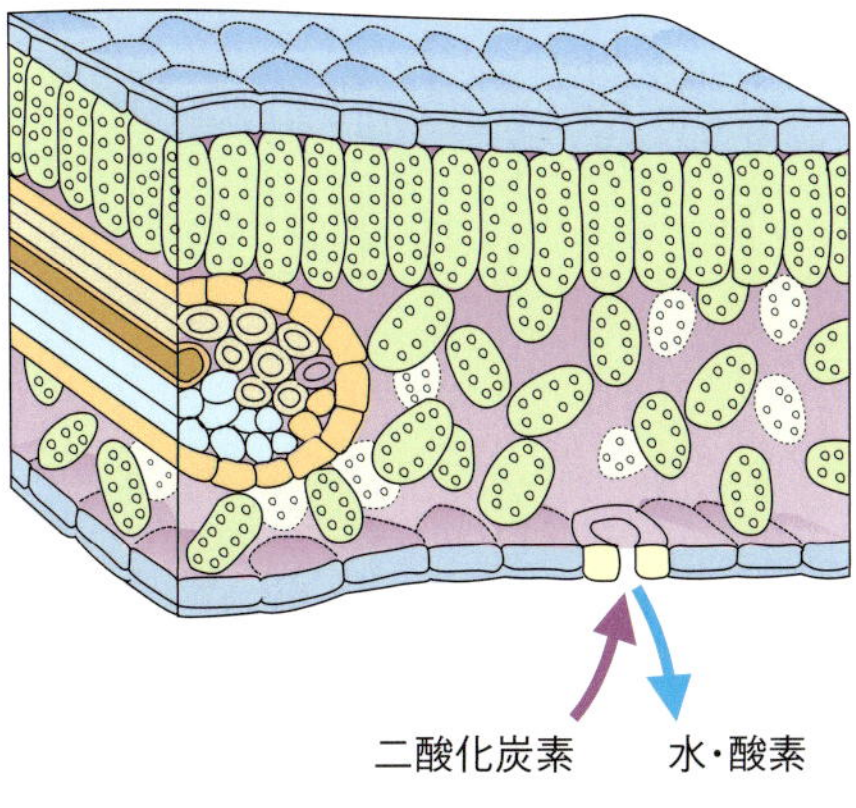

図4　「勝手に」出て行く水蒸気と、「入ってほしい」二酸化炭素

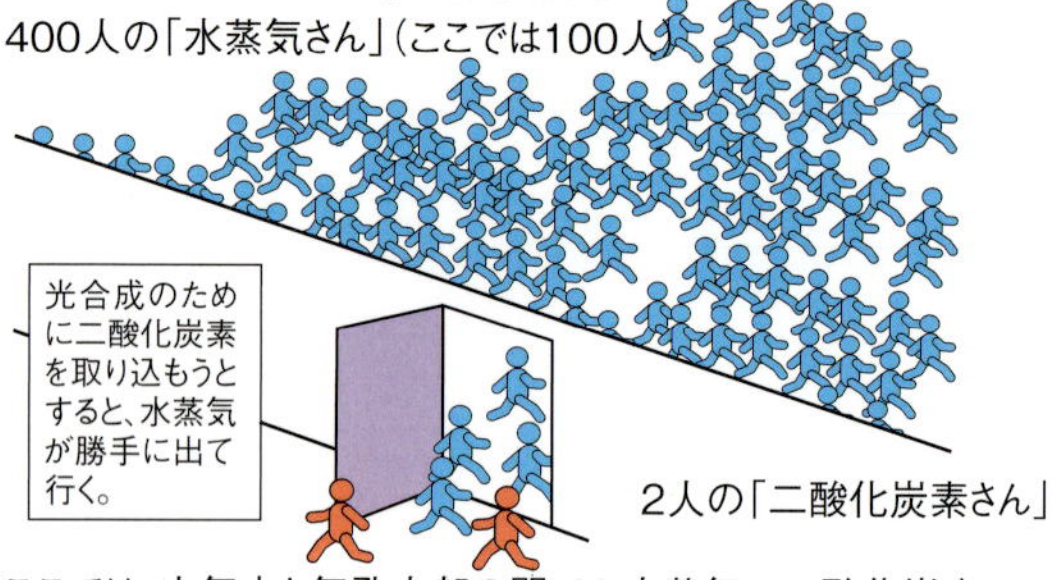

ここでは、大気中と気孔内部の間での水蒸気・二酸化炭素の濃度勾配と分子の大きさによる拡散効率の違いを考慮している。

図5　根による吸水、樹液流、葉からの蒸散

葉〜幹〜根で水が連続する

撮影／上（カシワの木）：文一総合出版編集部、下左（カシワの枝の木口面走査電子顕微鏡写真）：矢崎健一（森林総合研究所）、下右（カシワの葉）：林将之

たと考えられます。つまり、降雨量の約30％が大気へ戻って行くのです。この程度の森林蒸発散量は、日本国内ではそんなに珍しくない量です。

　さて、蒸散とは何なのでしょうか。蒸散とは、葉（多くの場合、裏面）に無数にある気孔という開閉式の穴から水蒸気が大気へ出て行くことです。光合成のためには二酸化炭素を葉の中に取り入れなければなりません。気孔は二酸化炭素を取り入れるための穴で、そのために気孔を開くのですが、その際、葉の内部の細胞を大気にさらすことになります。細胞の表面からは、水面からと同じように効率良く蒸発が起き、大気に向けて「勝手に」水蒸気が出て行きます。どのくらいの水蒸気が「勝手に」出ていくかと言うと、たった2人の「二酸化炭素さん」を部屋の中に入れたくてドアを開けたら、その中には400人もの、外に出て行きたくてしょうがない「水蒸気さん」がいた、というくらいです。蒸散では、そのくらい「勝手に」水が外に出て行きます（図4）。

　葉から水が蒸発によって失われ、その失われた水を補うように根から水が吸われて、幹の中を通って葉に至る。これが、蒸散とそれにともなう水の動きです。根から吸水され、幹の中を通る水を、「樹液流」と呼びます（図5）。

森林土壌の保水力

　よく、森林には保水力があって……ということばが聞かれますが、それは「森林にある『土壌』に保水力がある」のだという意味であることを忘れてはいけません。それでは、森林土壌とはどんな特徴をもっているのでしょう。

　森林内の地表では、落葉・落枝をはじめ、上からさまざまな生物の遺骸が降ってきて、分解が進んでいます。一方、土の下には岩盤があり、風化作用を受け細かい粒になっていきます。森林土壌は上からの有機物と下からの無機物が交じり合ってできるものなのです。ですから、森林土壌には、上に行けば行くほど生物的な影響を強く受ける層構造をもつという特徴があります（図6）。特に、森林土壌の上層には、落葉・落枝がただ砕けただけの「A_0層」、半ば分解された「A層」があり、非常に高い透水性を示します。時間透水速度が200ミリメートルを超えることは珍しくありませんので、健全な森林地では雨はすみやかに土中に浸透し、表面を流れることはほとんどありません。

　土壌とは、いろいろな大きさの土粒子が集まってできているものです。そのため、土粒子の間にあるすき間もいろいろな大きさになります。土粒子の大きさが揃っていれば、そのすき間の大きさも揃います。標準砂と呼ばれる均質な粒子から成る砂では、そのすき間は同じような大きさ

で揃っていますが、森林土壌ではすき間の大きさもさまざまです。このすき間の大きさがバラエティに富むことも、森林土壌の特徴と言えます。

さて、そのすき間がすべて水で満たされている状態を「飽和」、空気が残っている状態を「不飽和」と呼びます。水を土壌中に保持する力は、主に、すき間がもつ毛管力です。毛管力は、すき間が大きいときに小さく、すき間が小さくなるにつれて大きくなります。

森林土壌中のすき間の中での水の動きを見てみましょう。まず、雨が降った直後から、一番大きなすき間にある水は、重力で簡単に下方へ浸透してしまいます。少し時間がたつと、乾燥や浸透に伴って、大きなすき間から順に水が抜けていきます。小さなすき間では、水が大きな毛管力で保持されるので、なかなか抜けていきません。

また、飽和状態から水が抜けていくにつれて、土壌粒子の間にある水どうしのつながりが悪くなっていきます。これは別の言い方をすれば、土粒子表面上での水の移動経路が長くなっていくとも言えます。よって、土壌中の水の移動能力・浸透速度は、土壌が乾燥するにつれて低くなっていきます。飽和と不飽和で浸透速度が1000倍ほど違うことはよくあります。

雨が土壌中を浸透して、岩盤に到達して飽和状態になったとき、地下水が形成されます。浸透中に飽和状態になることは少なく、森林土壌はたいていの場合、不飽和です。飽和で水の移動速度は最大ですから地下水の移動速度は大きくなりますが、岩盤に到達するまでの不飽和状態での水の浸透速度はたいへんゆっくりです。このゆっくりな水の動きは、森林土壌が水を保持しているように見えるでしょう。すなわち、「森林土壌が水を蓄える」ということは、土壌がタンクのように単純に水を蓄えるだけでなく、「ゆっくりと水を流す」ことなのです。

このような水分保持能力は、土壌中の不飽和状態がどのように保たれるのか、と言う点で、やはり土粒子どうしのすき間の大きさとバリエーションに関係します。土壌の保水能力は、適度な力で水を保持するすき間が土壌中にどれだけあるかということで決まるのです。

森林流域からの流出

実際に私達が使うことができる水とは、森林・山地流域からの「流出水」です。また、土砂災害や洪水を起こしたりするのも、この流出水です。ですから、水資源の管理のためにも、災害の予見のためにも、降雨があったら流出水はどうなるのかを調べる必要があります。どれほどの雨が降ったら大きな流出があるのかと、雨が降らなくても流出は安定しているのか、安定している期間はどれくらいなのか、を知るためです。

私達のように森林と水の関係を調べている研究者が森林流域からの流出水の様子を調べるときは、まず、本当の森林流域を準備します。そして、流域の出口にあたる場所にダムを設置して、流出の時間変化を追います。さらに、その流域に降る雨、流域からの蒸発散、流域の中での貯留水量を調べます。降雨と流出、それぞれの時間変化の関係を見ることで目的は達成されます。さらに、流域の中では、「流出」＝「降水」－「蒸発散」－「貯留水量変化」という水収支がなり立ちますので、この式の

図6　森林土壌は層構造をもつ

A_0層：落葉・落枝が敷き詰められた層。さらにL・F・H層に区別される。
L層：落ちたばかりの落葉・落枝の層
F層：まだ原組織が残る落葉・落枝の分解層
H層：原組織がわからないくらいに分解が進んだ有機物層
A層：落葉・落枝が半ば分解されてできた「腐食」と呼ばれる有機物が多く含まれる軟らかい土の層。栄養分が多く含まれているため水分だけでなく養分を吸収するための根が多く張り巡らされている。また、多くのすき間があり、空気が多く含まれているため、小さな生物の活動も盛んである。
B層：有機物をあまり含まず、少し硬い土の層。生物はあまりいなくなり、木の根は太いものが目立つ。
C層：岩盤が風化してできた有機物をまったく含まない層。土壌生成作用をほとんど受けていない。

中のそれぞれの要素を調べることで流出のメカニズムを探ることもできます（図7）。

それでは、降雨と流出の関係を、植生のある流域（森林地）と植生のない流域（裸地）で見てみましょう。ここでは、両流域を比較した時によく見られる一般的な性質を示します（図8）。

森林地では、降雨があってもすぐには流出しません。降雨に対応する流出（直接流出）が小さく、そのピークも小さいのです。しかし、雨がやんだあとも、小さい流出（基底流出）がやむことはありません。それに対して裸地は、直接流出・ピークが大きく、基底流出が小さいことが特徴的です。この森林地と裸地の流出特性のちがいは、主に、先ほど述べた森林土壌の「水をゆっくり流す」機能によります。特に、裸地では、土壌表面にA_0層・A層を欠き、土壌表面の浸透能力が小さいため、表面流があらわれているかもしれません。これが、降雨の後すぐに流出が始まる理由の一つです。

ここまででは、雨が降った後、比較的すぐに起きる流出を紹介しました。これは、洪水や土砂災害に関係する森林の機能であることは想像できると思います。次に、年間でみた流出を考えてみましょう。この場合は水資源に関係しそうだということも想像できるでしょう。図9は、ボッシュとヒューレットという研究者が、植生のある流域で、そこから植生を減らしていった時の流出の変化はどうなるのかというデータを集めて描いた、非常に有名なグラフです。これによれば、植生が減ると流出は増える、つまり、水資源量は増えるという事実が見えてきます。よく考えれば、森林があれば蒸発散で水を消費するわけですから、植生を減らしていけば流出（＝水資源量）が増えるのは当たり前のことです。

森林の治山・治水機能

それでは、これまで説明してきました「森林の機能」についてまとめてみます。

「水源涵養」という言葉が良くないのかもしれませんが、「森が水をつくる」という勘違いがよくあります。森林は蒸発散で水を消費しますから、「森は水を減らす」が正しいので

図8　降雨に対する流域流出応答のイメージ

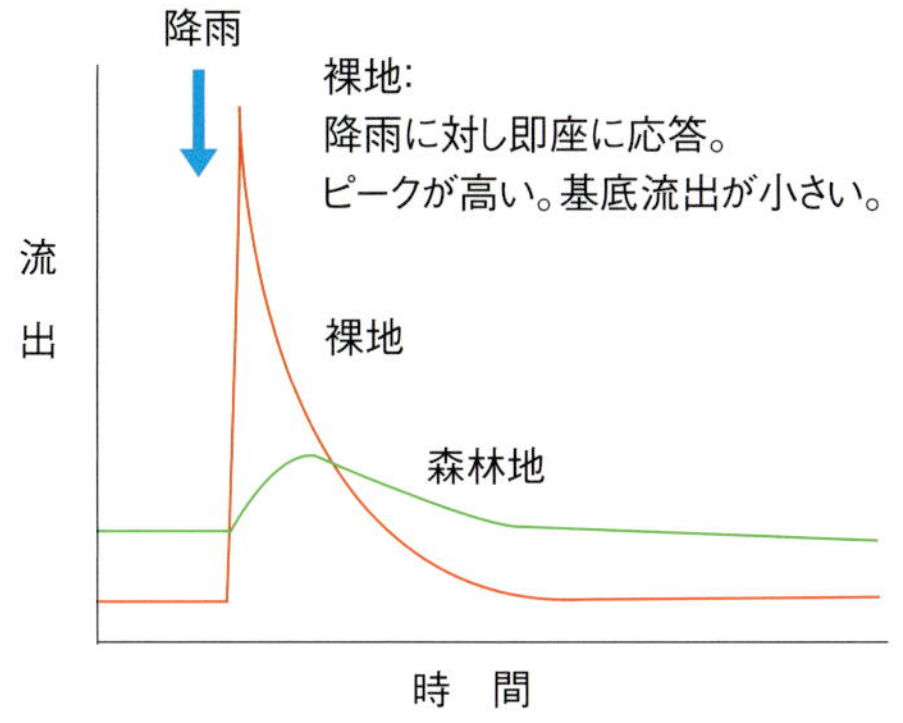

図9　伐採に伴う年流出量の増加

(Bosch and Hewlett, 1982)

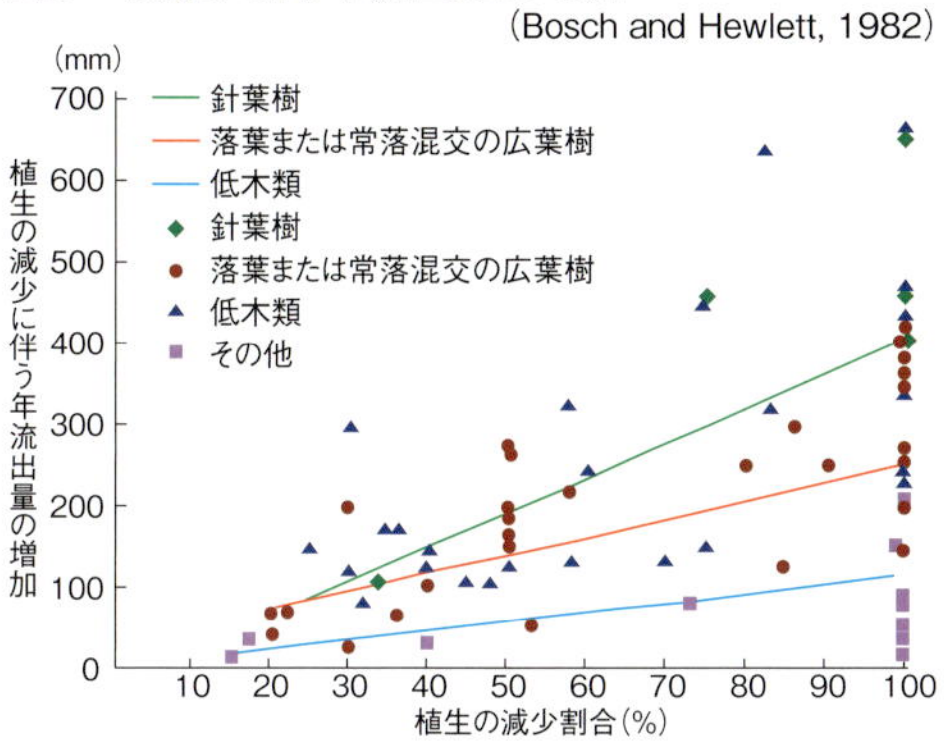

図7　流域試験地と量水堰

[流出]＝[降水]－[蒸発散]－[貯留水量変化]

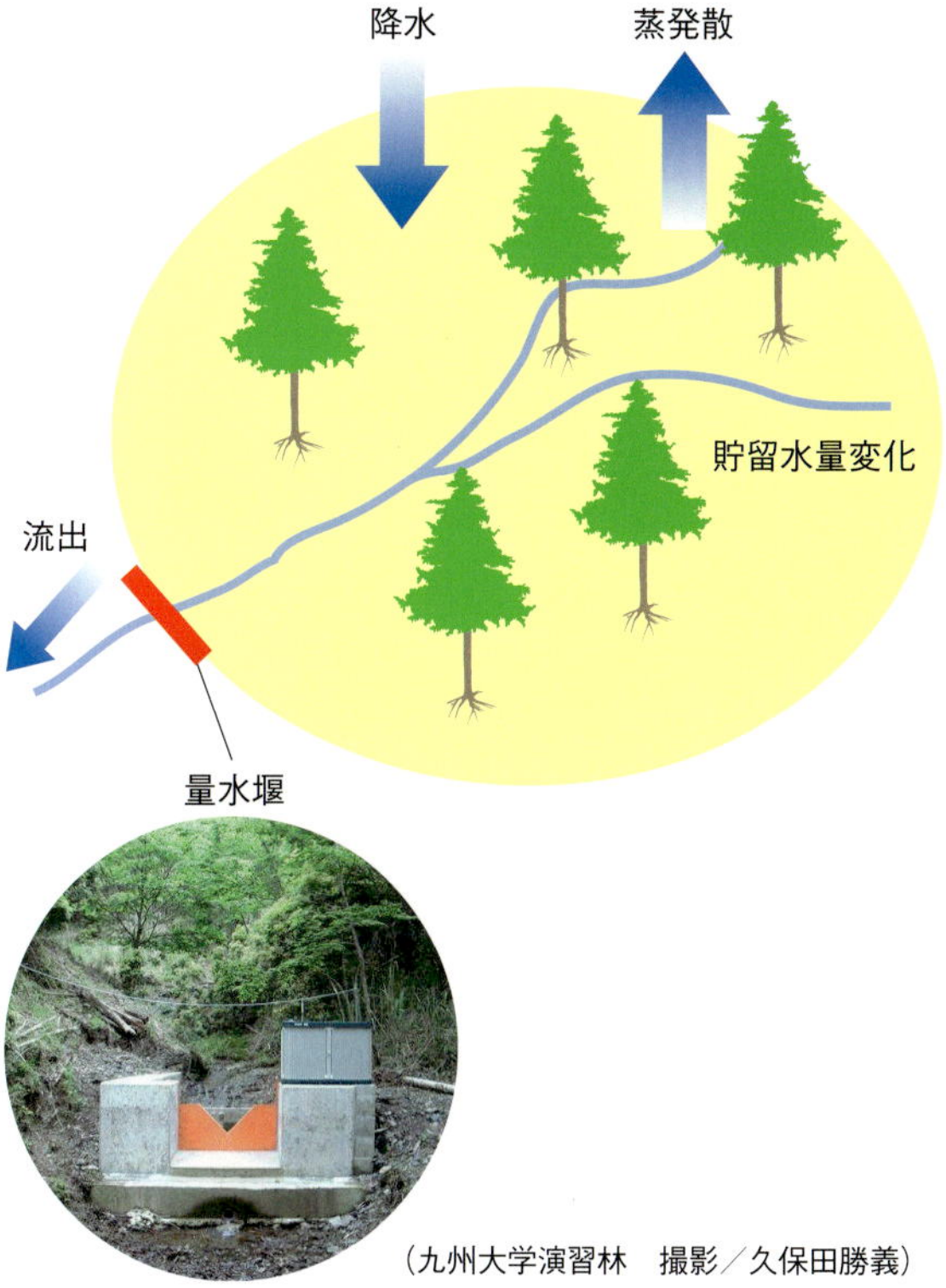

(九州大学演習林　撮影／久保田勝義)

す。しかし、森は、降ってきた雨を、その森林土壌を通じてゆっくり流します。雨が止んだ後も、その水の流れは途切れません。そういう森の姿だけを見ると、水資源の安定供給という点においても、洪水防止という点においても、「森はダムのように見える」でしょう。

　確かに、森にはダムとしての機能があります。しかし、水源涵養機能に関しては明らかに条件つきです。水は安定して供給されますが、供給される水の総量は減っているのです。下流域に暮らす人々がどのような水の使い方をするのかによって、森林だけで大丈夫なのか、ダムが必要なのかは変わってくるはずです。水の総量が減っていても、そのゆっくり供給される水に見合った消費しかなされなければ、ダムは必要ないでしょう。しかし、下流域での水の消費量が多く、(森林のせいで減ってしまった)水の供給で追いつかない場合は、ダムが必要になります。

　また、森はゆっくりと水を流すので、確かに洪水・土砂災害防止の機能も持っています。しかし、もちろん、その能力には限界があります。そもそも、災害を引き起こすような雨は、めったに降らないので、大量の雨が降った時に森林はどの程度まで水を蓄えることができるのか、その結果森林からの流出がどうなるのかということを示すデータはないに等しいのです。水を蓄える容量が決まっていると言う点では、森林もダムも同じことが言えますが、容量を比較的簡単に計算できるダムでさえ、大降雨のときの洪水調節機能を評価するのは容易ではありません。森林土壌の物理的性質に則って森林流域の水を蓄える能力を見極めなければなりません。単純に「森を守れば災害を防げる」と考えるのは危険です。

　以上で紹介したような、蒸発、浸透、流出といった特に陸上での水の動きを扱う学問を水文学《すいもんがく》と呼びます。そして、特に森林を対象とする水文学を森林水文学と呼びます。森林流域の水を蓄える能力、森林の治山・治水機能を見極めるためには、この森林水文学に則った科学的判断が必要なのです。

生きものの影響を調べる

最後に、宮崎県椎葉村にある九州

図10　シカの食害による林床植生の崩壊
（九州大学宮崎演習林三方岳自然林保全区34林班）

図11　森林流域の水環境に影響を及ぼしていないわけがない
（九州大学宮崎演習林広野流域試験地29林班）

大学宮崎演習林において、今までになかった視点で実行中の森林水循環研究について紹介しましょう。宮崎演習林の大部分で、この10年来、シカの食害によって林床植生が消滅しています。このように、15年前には林床に繁茂していたスズタケがなくなってしまいました（図10）。場所によっては、スズタケの幹（桿《かん》と呼ばれます）だけが残っています。この場所では、15年前はスズタケが2メートルほどの高さもあって林床を覆いつくし、森の奥の方へはスズタケをかき分けながらでもなかなか進めなかったそうです。このように、林床の植生が乏しく「歩きやすい」状態を「公園的景観」と呼びますが、宮崎演習林では、いたるところで公園的景観が見られます。

図11①の右側と左側は、8年前に真ん中に見えるフェンスで区切られました。右側では依然林床植生が消滅している一方で、左側にはさまざまな植物が繁茂しています。宮崎演習林は潜在的に植物の生育がよいのか、シカの侵入を防ぐだけで簡単に植生が回復するようです。

これまで説明してきたように、林床植生の有無は土壌表面の浸透能力や土壌内部の物理性に影響し、森林流域からの流出、さらには土砂・栄養塩の流出にまで影響を及ぼすと考えられます。図11②の森林流域は、以前伐採され、その後植林が行われた流域ですが、食害によりすべての苗木が消滅してしまいました。林床を覆っているのは、主にアセビのような、毒があってシカの食べない低木くらいです。そのため、流域内いたるところで表面浸食が起きています。このような流域の水循環が健全な森林流域の水循環と違っていないはずがないと考えます。

そこで私達は、このようにシカの食害により林床植生がまばらになった流域を2つ選び、流出を測るためのダムを作りました（図11③）。また、流出水の化学分析まで行い、両流域の化学成分の比較まで行っています。先ほど紹介しましたように、ここではシカの侵入を防ぐだけで簡単に植生が回復すると考えられます。ですから、これを利用して、片方の流域をフェンスで囲み、植生の回復過程とともに変化する水循環過程を追跡し、依然林床植生の乏しい流域と比較しようとしています。私達は、図12のようにシカの数や動きまでも観

図12　シカの数や動きを調べる

イラスト／柏木牧子

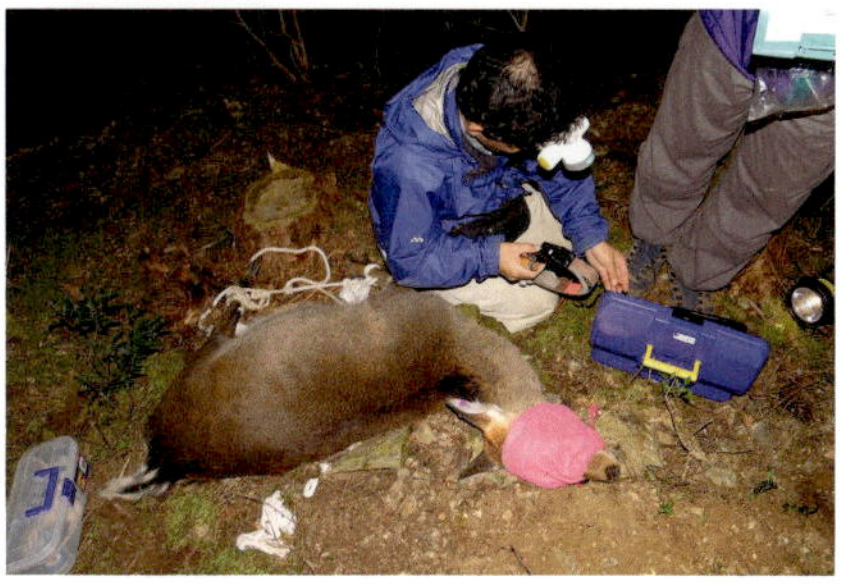

撮影／内海泰弘

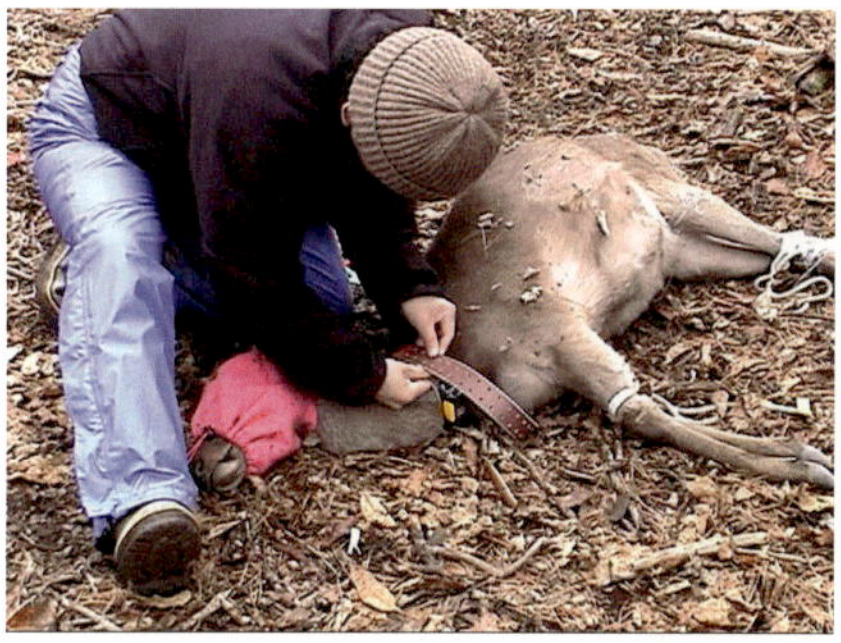

提供／矢部恒晶（森林総合研究所）

提供／矢部恒晶（森林総合研究所）

測していますので、「シカが森林水循環に及ぼす影響」を調べることができます。森林の治山・治水機能は「動物」の影響を受けることだってあり得ると言えるのです。

著者略歴

熊谷朝臣（くまがい ともおみ）
九州大学大学院農学研究院准教授。専門は生物環境物理学。特に、最近力を入れている研究は、1本当たりの樹木の水利用様式で、長男にも“樹人”と名前を付けた。

コラム

地球の気候と森林

少しスケールの大きなお話をしましょう。アマゾンのような広大な森林を考えてください。森林のあるところでは雨が降った後、蒸発散によって大気に水が戻され、再び雲となります。ところが、広い範囲で森林を伐採してしまうと、陸の奥の方では雲がつくられず雨が降らなくなってしまいます。

また、太陽からくるエネルギーは地表面を温め、大気を対流させます。これは地球全体の気候を形作る源です。太陽エネルギーの主要なはたらきには、地表面を温める（「顕熱」と呼びます）ほかに水を蒸発させる（「潜熱」と呼びます）ことがあります。太陽エネルギーが使われる配分を考えると、蒸発散がさかんである森林では潜熱の割合が大きくなり、気化熱により気温が下がります。一方、森林のないところでは、顕熱が大部分を占め、地温が上昇することになります。つまり、気温に温度差ができるのです。温度差ができれば、気圧の変化が生じ、大気の対流が起こります。このように森林は、大気の対流を通じ気候形成にまで影響を与えるのです。

栄養の乏しい土壌に豊かな森ができるわけ

～熱帯林の樹木が「大きくなるジレンマ」を解消するしくみ～

京都大学生態学研究センター
北山 兼弘

地球上で最も豊かな生態系と言われる熱帯林だが、その土壌の栄養分は極めて乏しい。そのような土壌の上で、なぜ巨樹は生きていけるのだろう？

豊かな熱帯の森

赤道を中心とする、降水量が十分に多い熱帯地域には、熱帯林と呼ばれる巨大な森林が分布しています。熱帯雨林では樹種の多様性が高く、1ヘクタールに200種以上もの樹木が見られることが少なくありません。これらの樹木は3～5層に重なり合って生えており、最上層の飛び抜けて高い樹木は、60メートルを超えています。動物も豊富で、ボルネオの熱帯雨林にはオランウータン、アジアゾウなどが暮らしています。

表1　植物の体を構成する元素

主に空気や水から取り込む	炭素	45%
	酸素	45%
	水素	6%
ミネラルとして土壌から取り込む	窒素	1.5%
	カリウム	1.0%
	カルシウム	0.5%
	マグネシウム	0.2%
	リン	0.2%

植物には常に一定の割合の必須元素が必要

熱帯雨林は世界の森林の炭素量の46%を占めており、「地球の肺」とも呼ばれています。

　熱帯では特別に栄養が豊かだから、これほど樹木が大きくなれるのでしょうか？　ところが実は、熱帯の土壌では植物が生きるために必要な元素がたいへん少なく、生物の豊かさとは裏腹に、栄養的に貧弱であることがわかっています。特に、生命の維持に必須のリンという元素が極端に少ないことが、最近の私たちの研究からわかってきました。この傾向は赤土の上で特に顕著なようです。

　繁茂する熱帯林の栄養状態が悪いのだとしたら、樹木はいったいどのような工夫によって栄養不足を補っているのだろう。これが、この章のテーマです。

植物にとっての栄養

　では、植物である樹木にとって栄養とはいったい何を指すのでしょうか？　私たちにとっての栄養は、炭水化物、脂質、ビタミン、ミネラルなど、体を構成したり代謝を調整したりする物質です。しかし、樹木は葉から二酸化炭素を吸収し、それを使って光合成によって炭水化物をつくることができます。このため、樹木（植物）にとっての栄養とは、主に根から吸収するミネラル（無機物）ということになります。植物が一生を全うするために必要不可欠で、他の元素では代わりにならない栄養素（必須元素）は16種類あります。このうち、炭素、水素、酸素以外の13種類の元素（窒素、リンなど）はミネラルとしてしか吸収されないので、「栄養塩」とも呼ばれます。

　植物の体内では、光合成でつくられた炭水化物から、まずショ糖という糖分が合成されます。ショ糖はさらに栄養塩と結合し、さまざまな有機物が合成されます。それらの有機物が新たな細胞の構成成分になります。植物はこのようにして成長していきます。

栄養素の使われ方

　それでは、植物にはいったいどれくらいの必須元素が含まれているのでしょうか。いろいろな植物を調べてみると、おもしろい結果が得られます。植物の体に占める元素の割合（水分を除いた植物の重さを分母にし、各元素の重さを分子にしたときの濃度）は、植物の種類に関係なくほぼ一定した値をとるのです（表1）。

　例えば平均的な草本植物にはリンが約0・2％の濃度で存在します。これは、細胞をつくっている細胞膜や核酸などに、リンが一定量の構成成分として含まれるためです。植物の体は種類に関係なく細胞を基本構造としてできているので、この値から大きくずれることはあまりありません。

　窒素も見てみましょう。窒素はタンパク質の構成成分であり、タンパク質は細胞の中に比較的多く含まれるため、リンに比べるとかなり高い濃度です。しかし、窒素もほぼ一定の濃度を示し、表1の濃度から大きく逸脱することはありません。植物は細胞の数を増加させて成長するので、体のサイズが大きくなってもほぼ一定のミネラル濃度の値を保つのです。ただし、植物のなかにはタンパク質を貯蔵物質として体内に蓄えるものもあります。そのような種類では、もちろん一定の濃度からのずれが見られます。

光は上空、栄養塩は地下

私たち人間は口からすべての栄養を摂取するのですが、植物の成長に必要な光は上空に、栄養塩は土壌の中にあります。植物の場合、成長に欠かせない資源が上空と地下に分散しています。上へ上へと伸びて葉を展開して光を求める一方で、地下に根を伸ばして栄養塩を吸収しなければなりません。樹木はこの問題を、幹を持つことで解決しています。

「高く伸びる」という無理難題

葉と根をつなぎ水や栄養塩のやり取りをする通導器官が幹ですが、葉がより上方に展開するに伴い幹を長く伸ばさなければなりません。ここで樹木には2つのジレンマが生じます。まず、幹を伸ばすためには細胞を分裂しなければならず、細胞をつくったり維持したりするために、より多くの栄養塩が必要になってしまいます。上に伸びて光合成を確実に行うことの裏側には、その光合成を支え幹を形成するためにより多くの栄養塩を根から吸収しなければならないという難題が存在するのです。

栄養獲得の問題が解決できたとしても、次にその輸送の問題が待ち受けています。栄養塩は水に溶けて葉に運ばれますが、幹の長さが伸びるに伴い水の輸送に飛躍的に大きな抵抗がかかってしまうのです。

水に溶けた栄養塩は、幹の比較的外側に分布する道管と呼ばれる、死んだ細胞が管状に連なった組織を通って上方に輸送されます。そのため、重力に加えて、道管を形成する細胞どうしのつなぎ目の抵抗や導管壁との凝集力などにより、大きな抵抗が加わってしまうのです。

熱帯林の謎に取り組む

土壌の骸骨

熱帯には赤土が広く分布し、巨大な熱帯林の多くはその赤土の上にあります。赤土は一般に「ラテライト」と呼ばれ、日干しの赤レンガなどが作られたりします。赤土の正体は、サイズが1マイクロメートル以下の微細な構造を持つ鉄とアルミニウムの酸化物です。鉄が酸化している、つまりさびているために赤さび色を示すのです。鉄が多いために、かたまりやすく、レンガの素材としては最適です。

このような土壌は熱帯に昔から存在していたわけではなく、元々は日本などに広くみられるような鉄分の比較的少ない土壌だったと考えられています。しかし、熱帯の高温と多雨の気候で栄養塩となる元素が長い年月の間に溶かし出され（風化作用）、鉄やアルミニウム主体の土壌になってしまったものです。土壌学者には、このような熱帯土壌をスケルトン、つまり「栄養塩が流れ去った骸骨」と呼ぶ人もいます。

植物にとってやっかいなことに、リンは赤土の主体である鉄やアルミニウムと高い結合力を持っています。そのため、リンは土壌に吸着されて、やがては植物が利用できなくなってしまいます。このため、熱帯林では、リンの欠乏が生じる可能性が格段に大きくなります。

図1　森林内でのリンの循環と生物のかかわり

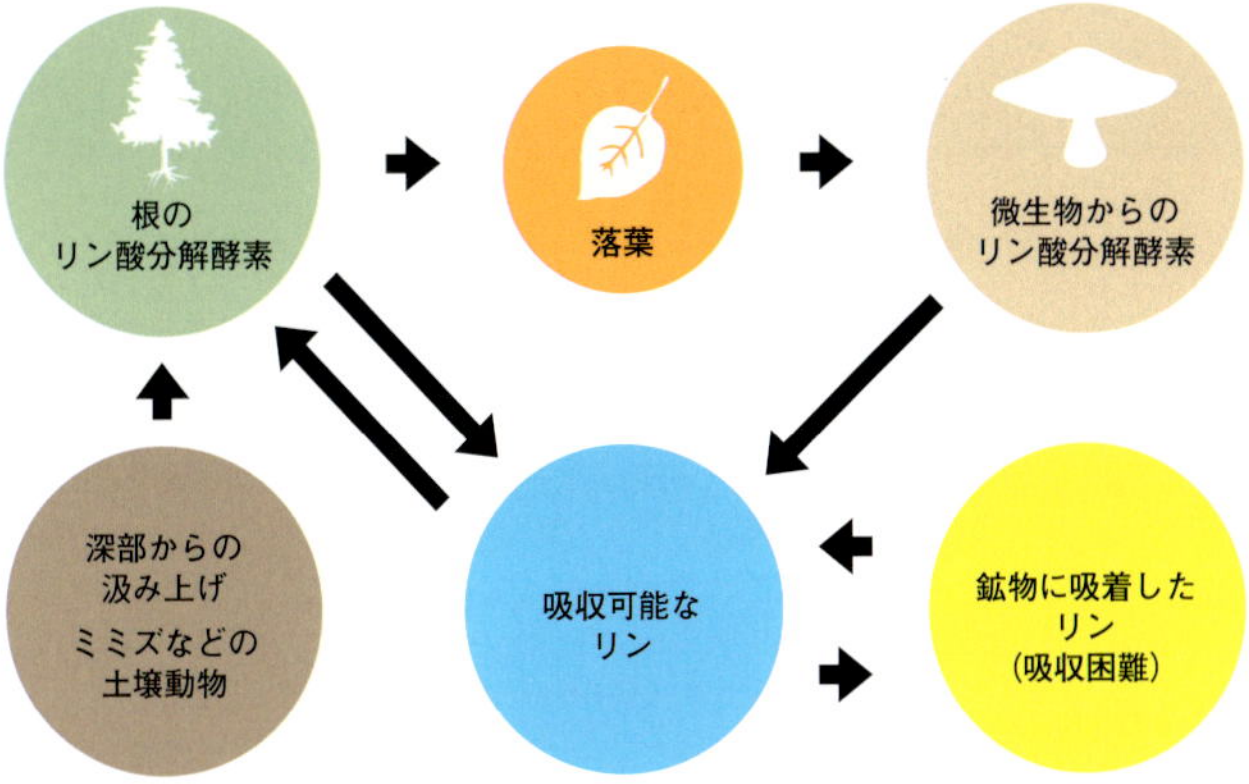

リンは利用しにくい元素

植物は、リンが不足すると成長できなくなるばかりか、生命の維持さえ難しくなってしまいます。それは、リンは生物が生命を維持するかぎとなる役割を担う重要な元素だからです。

それでは、熱帯林を維持するためにはどのくらいのリンが必要なのでしょうか。いくら貧栄養といっても、土壌中にそれを満足するリンが残っているのかもしれません。私たちはそれを調べてみました。

すると、水分を除いた地上部（葉や幹など）の総重量が1ヘクタール当たり500トンを超えるような熱帯林では、その森林を維持するために年間約4～5キログラム程度のリンが土壌から吸収されなければならないことがわかってきました。土壌1ヘクタール中には実際にはその10倍以上のリンが存在していますが、その多くは土壌と強く結合した、植物が吸収できないリンです。森林では成長が常に起こると同時に、枯れた枝葉が地面に落下し、老いた個体や弱い個体も枯死して地面に還ります。これらにもリンは含まれており、潜在的にはやがて樹木によって再び吸収されて地上部に戻ることになります。しかし、リンの場合には、このとき非常に厄介な問題が生じます。それは、枯れ葉や枯れ枝が地表に落下し土壌に混入してしまうと、リンが鉱物に強く吸着される危険が高まるということです。これは、時間とともに吸収できるリンの量が著しく低下してしまうことを意味します。

このように、一見すると多様な生物が繁栄する熱帯林の生態系が、実はリンの欠乏に常にさらされている過酷な生態系です。熱帯林に巨木の森林が存在するということは、物質の性質から考えると大きな謎なのです。この謎を解くために、私たちはボルネオの熱帯林で研究を続けてきました。完璧な答えはまだ出ていませんが、少しずつ答えが見えはじめています。

貧栄養を生きる樹木の工夫

リン利用を効率化

赤土の上に成立する巨大な熱帯林の樹木は、年間に吸収したリンの量に比べて不相応に大きな量の光合成を示すことがわかっています。リンを効率的に利用し、少ないリンで大きな光合成をしているのです。日本などにみられる温帯林の樹木にくらべて、熱帯林の樹木は2～3倍も効率よくリンを利用して光合成量を高めています。なぜこんなことができるのでしょうか。

リン利用の効率化で最も確実にわかっていることは、樹木にリンを再吸収するしくみがあることです。細胞の中でのリンは、ほとんどが核酸やリン脂質脂肪酸といった有機物として機能しています。温帯などの樹木では、葉や枝が枯れ落ちるとそこに存在するリンもいっしょに地面に還っていくのですが、熱帯林の樹木では、落葉する前にリンの多くが回収されています。核酸やリン脂質などの有機物が分解されて無機質であるリン酸となり、新しい葉などに輸送されていくのです。

しかし、有機質を分解してリン酸

とするためにはリン酸分解酵素と呼ばれるタンパク質が必要です。したがってリンの回収には、タンパク質をつくるというコストがかかります。タンパク質にはリンと同じ必須元素の一つの窒素が多く含まれているので、リンの再吸収のしくみは「窒素を犠牲にしてより希少なリンを回収する」過程だといえるでしょう。リンの回収率は、リンの欠乏状態にほぼ正比例しているようです。私が調べた例で最も回収率が高かったのは80%でした。

この場合、元々存在したリンの80%が新葉などに転流され、残り20%が落ち葉として地面に還ったわけです。このように、熱帯林の樹木にはいったん吸収した貴重な栄養塩を体内にできるだけ長くとどめる工夫がみられます。これは、さしずめ「節約主義」といえます。

落ち葉も利用する

次にはっきりしているのは、リンの吸収に関係する効率化です。熱帯樹木は地面の表層に細かな根を張りめぐらしていますが、これは落ち葉に含まれる栄養塩を効率よく獲得するためだと考えられています。しかし、落ち葉に含まれるリンをすぐに獲得できるわけではありません。リンは落ち葉の中でも有機物として存在していますから、これが吸収されるためには無機物に分解されなければなりません。ここでもリン酸分解酵素がはたらいています。樹木の根の表面からは、このリン酸分解酵素が分泌されており、これが根の周囲にある落葉あるいは土壌中の有機物に含まれるリンを吸収できる形に分解するのです。リン酸分解酵素を分泌するということは、やはりタンパク質をつくるというコストがかかります。私の研究から、熱帯樹木はリン欠乏の度合いが増すほど、根のリン酸分解酵素に多くのコストをかけることがわかりました。植物は、リン欠乏の度合いが高くなるほど、根の表面でのリン酸分解酵素の活性を高めているのです。

根を増やす

分解されたリン酸は水にとけて根に移動するので、根の量が大きいほどリン獲得には有利になります。しかし、植物は根の量をむやみに大きくすることはできません。なぜなら、根を増やすと、今度は地上部の器官をつくるための物質が不足してしまうからです。このジレンマをどのようにして回避するのでしょうか。

その鍵は「比表面積」にあります。比表面積とは、同じ重量でも表面積がどの程度異なるのかを示す指標です。同じ体積の容器に詰め込まれた野球のボールとパチンコ玉を比べると、パチンコ玉の方で表面積が圧倒的に大きくなります。これと同じで、樹木も細かい根を多くもつことで、根の重量を増加させず表面積を飛躍的に大きくすることができます。このような樹木ほど、リンなどの不足する栄養塩の獲得に有利です。熱帯林に生育する数百種を超える樹木の種すべてがそのような形質を持つわけではありません。しかし、リン欠乏が深刻になるほど比表面積の大きな樹木の割合が増えるという、明らかな傾向がみられます。このような適応は、「積極的拡大主義」といえるでしょう。

菌類と共生する

図2 リンを確保する工夫

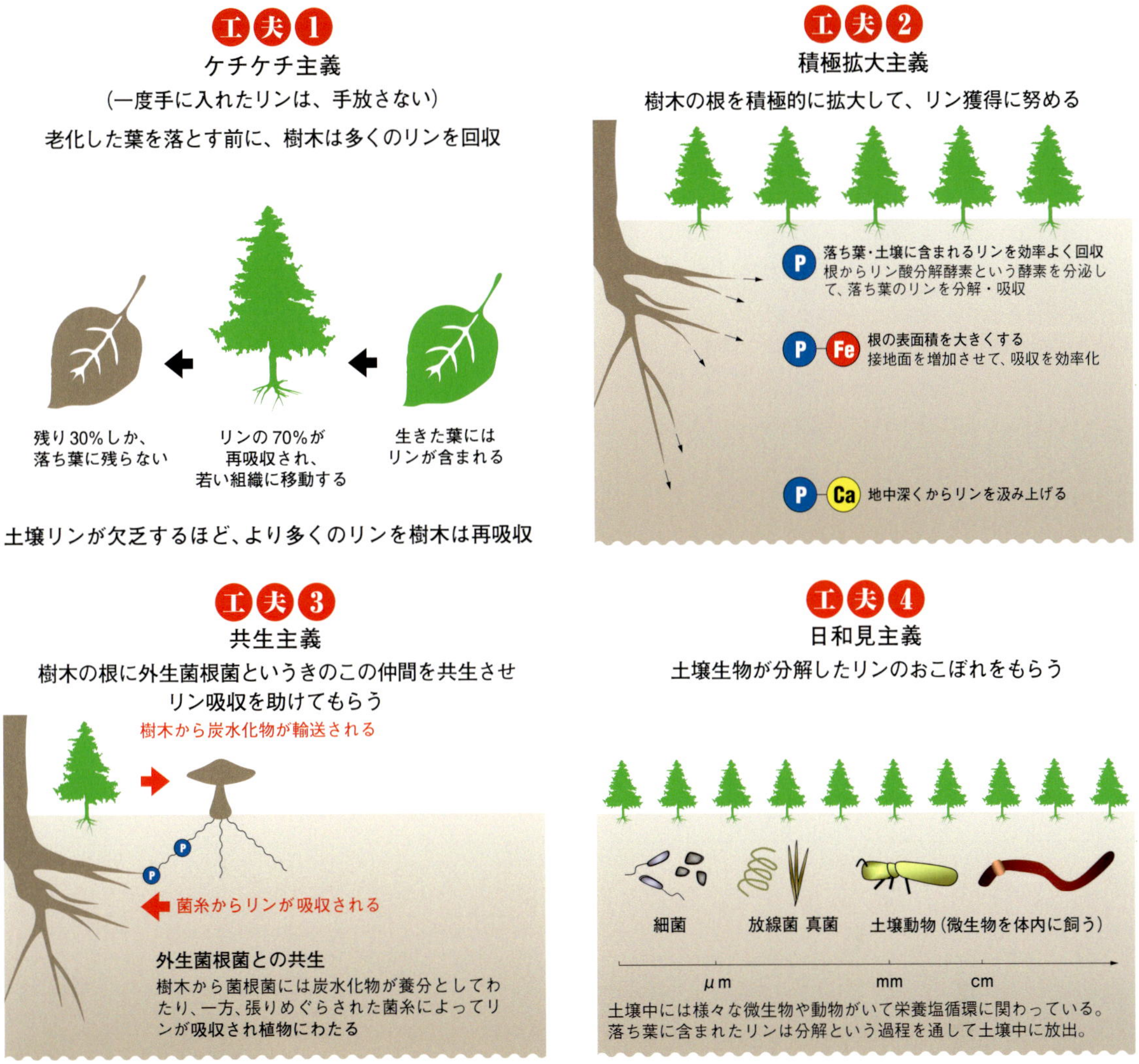

工夫1
ケチケチ主義
（一度手に入れたリンは、手放さない）
老化した葉を落とす前に、樹木は多くのリンを回収
残り30%しか、
落ち葉に残らない
リンの70%が
再吸収され、
若い組織に移動する
生きた葉には
リンが含まれる
土壌リンが欠乏するほど、より多くのリンを樹木は再吸収
工夫2
積極拡大主義
樹木の根を積極的に拡大して、リン獲得に努める
P
落ち葉・土壌に含まれるリンを効率よく回収
根からリン酸分解酵素という酵素を分泌して、落ち葉のリンを分解・吸収
P Fe
根の表面積を大きくする
接地面を増加させて、吸収を効率化
P Ca
地中深くからリンを汲み上げる
工夫3
共生主義
樹木の根に外生菌根菌というきのこの仲間を共生させ
リン吸収を助けてもらう
樹木から炭水化物が輸送される
P
P
菌糸からリンが吸収される
外生菌根菌との共生
樹木から菌根菌には炭水化物が養分としてわたり、一方、張りめぐらされた菌糸によってリンが吸収され植物にわたる
工夫4
日和見主義
土壌生物が分解したリンのおこぼれをもらう
細菌
放線菌 真菌
土壌動物（微生物を体内に飼う）
μm
mm
cm
土壌中には様々な微生物や動物がいて栄養塩循環に関わっている。
落ち葉に含まれたリンは分解という過程を通して土壌中に放出。

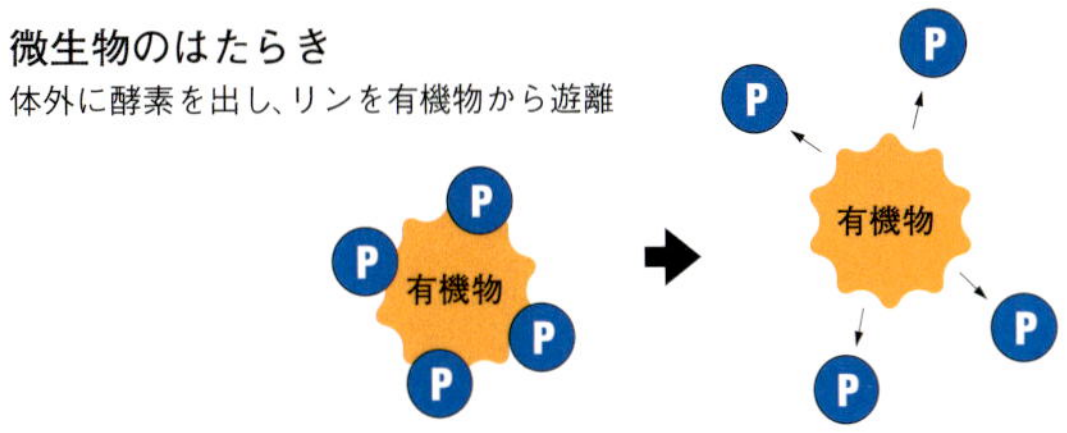

微生物のはたらき
体外に酵素を出し、リンを有機物から遊離
P
有機物
有機物

外生菌根菌の菌糸は樹木の根とからみ合い、根の細胞間隙に入り込んで植物にリンを渡す。

これらとはまったく異なるリン吸収のしくみを、植物は持っています。熱帯林の樹木の多くの種が、菌根菌と呼ばれる、きのこのなかまの菌類と共生していることが知られています。このうち外生菌根菌と呼ばれる菌類は、根の外に長い菌糸を伸ばし、周辺の有機物を分解しリンや窒素を獲得します。樹木はこれらの菌根菌が獲得したこれらリンや窒素の一部を、根を通して受け取っています。一方、樹木は光合成によって合成した炭水化物を菌根菌に渡しています。このような、双方に不足しがちな物質を交換する共生関係を通して、リン欠乏を回避しているのです。しかし、この共生関係は熱帯に限られた現象ではなく、むしろ温帯や北方林に多くみられます。熱帯にも外生菌根菌を持つ樹木の科や属は多く存在しますが、リンが不足している森林のすべての樹木がこの共生関係を持っているわけではありません。まったく共生関係が知られていない科や属も多く含まれています。したがって、菌根菌との共生は、リン欠乏を回避するために何らかの役にはたっているものの、決定打とはなっていないようです。これは、人間で

図3　高い熱帯樹木の梢には、給水のため強い圧力がかかる（時には 30 ～ 40 気圧の圧力）

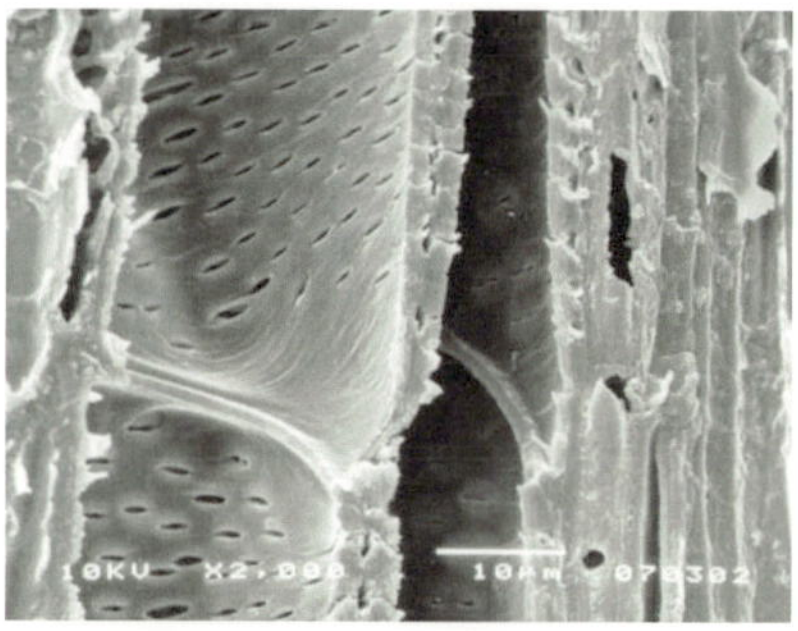

熱帯で世界一高い樹 *Koompassia excelsa* の道管

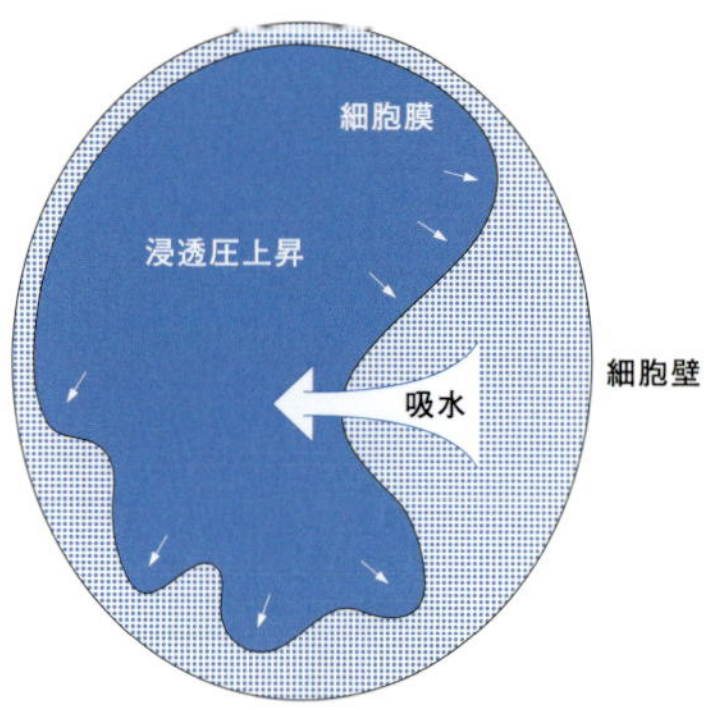

言えば、平和協定を結んで互いの存続を企図する、「共生主義」といえるでしょう。

微生物のおこぼれを頂戴する

　最後の工夫に、「日和見《ひよりみ》主義」があります。土壌中には有機物の分解にかかわる多くの生物が存在します。これらの生物は、分類学上、土壌微生物と土壌動物に分けることができますが、機能的にも2つのグループでは大きな違いがあります。それは、土壌微生物は体外に分解酵素を分泌し直接的に有機物の分解にかかわっているけれど、土壌動物ではそれができない、ということです。

　土壌微生物には、樹木と共生関係を持つ菌根菌のほかに、腐生性の菌類、細菌、放線菌などがあります。これらの微生物も、植物がリンを欲するのと同じ理由でリンを必要とします。しかし、赤土の熱帯林では土壌微生物にもリン不足が生じてしまいます。リン欠乏が強い環境で生き残るには、リンを獲得する能力の強い微生物が有利になるはずです。私の研究では、この仮説を支持するような結果が得られています。土壌中のリン欠乏の度合いが高い熱帯林ほど、土壌微生物のリン酸分解酵素の活性が高いのです。

　このような微生物の活動は、植物にどのような影響を与えるのでしょうか。植物が共生関係を結んでいる微生物は菌根菌などごく一部だけで、ほとんどの微生物とは直接的な共生関係を持っているわけではありません。したがって、微生物によって分解されたリンの大部分は微生物が自分で吸収し利用していると考えられます。ごく一部のリンがおこぼれとして植物にかすめ取られているのでしょう。これは微生物の表面積と樹木の根の表面積を比較することによって得られた推測です。

　強いリン欠乏のストレスが樹木にも微生物にもかかるので、両方でリン獲得能力の増大が進んだけれども、樹木と微生物間には相互の利益を増大させるような効果ははたらいていないのではないかと私は考えています。したがって、樹木は単なる日和見主義的にリンのおこぼれを頂戴しているだけではないでしょうか。むしろ、微生物はリンを素早く回収することで、リンが土壌に吸着されることを防ぐ、大事な機能を担っているのだといえます。いずれにしろ、これは樹木にとって重要な効果になっていることだけは確かです。

獲得したリンの輸送
二つの問題点

　さて、熱帯樹木のジレンマのうち、もう一つの輸送問題についても考えてみましょう。

　根からはるか上方に展開された葉まで、樹木は水に溶けたリン（あるいはその他の栄養塩）をどのように輸送するのでしょうか。60メートルにも及ぶ幹を通じての輸送には、大きな抵抗がかかるはずです（図3）。そのような問題は、資源が上方の光と地下の栄養塩に分割されたすべての植物にとって共通の問題といえます。しかし、熱帯樹木ではその幹の長さが温帯の樹木の3倍にも達するのです。

　植物の体の中で、水は葉からの蒸散を原動力として、根から葉まで道

光を求めて伸びる熱帯の樹木

管を通した一本の水柱として動くことがわかっています。しかし、この水柱が長いほど大きな抵抗が生じてしまいます。通路の長さに比例した抵抗が生じるため、長い幹を持つ熱帯樹木では、同じ水量を確保するためにはより強い吸引力が必要になります。この吸引力は蒸散によって生じますが、道管の内壁にはあたかもストローで水を吸ったときに生じるような強い圧力が生じます。ですから樹木は、その力に耐えられる構造の道管を持つ必要があります。

また、強い吸引力で引かれると水柱は途中で途切れ、気泡が入り込む危険性が高くなります。気泡が多くの水柱で生じてしまうと、葉に十分な水が輸送されなくなり、しおれが生じ、やがて樹木は枯死に至ります。水柱の途切れを回避するための適応の秘密は道管の径やつなぎ目の形状などに隠されているようです。道管の径を小さくするほど水柱が途切れる危険性は回避できますが、輸送される水の量が急激に減少し、樹木はしおれ気味になります。通路が長ければ長いほど、このジレンマは助長されてしまいます。

水の輸送には、さらにもう一つの難関があります。それは、乾燥が生じた時の樹木の反応です。雨の多い熱帯地域でも、乾燥は頻繁に生じます。多雨気候であっても、真昼になると太陽が照り付けて気温が上昇し、乾燥が生じます。また、年によっては干ばつが襲来することもあります。そのような乾燥状態が到来すると樹木は葉の気孔を閉じ気味にして水の消費を防ぐのですが、さらに乾燥が続くと葉の細胞から水が失われて、しおれが生じます。これに対して、樹木の葉の細胞は浸透圧を維持して吸水力を保つ必要があります。これについても、樹高が高いほど、高い浸透圧による吸水能力が備わっていなければならないでしょう。熱帯の高木はこれらのジレンマをうまく調整して問題回避しているからこそ、高い樹高にもかかわらず水と栄養塩の輸送を達成できているのでしょう。

30気圧で吸い上げる

そのメカニズムについては、まだまだわからないことが多いのですが、私たちの研究から、樹高が高いほど乾燥時に強い浸透圧を示すことがわかっています。30気圧以上の圧力が、強い吸水力として熱帯高木の梢にはかかっているようです。リンの輸送が達成されない限り飢餓状態の回避につながらないので、栄養塩の輸送においても熱帯樹木は優れていると言えるでしょう。

熱帯林の樹木には、このように、極めて乏しいリンをぎりぎりまでうまく利用するしくみがあります。リンの獲得や体内での維持、さらに輸送に卓越した能力を持っているので、貧弱な栄養の土壌で巨大な森林を形成できているのです。

逆を言えば、そのようなしくみを作り上げられなければ、この環境で森林が維持されることはなかったはずです。リンをうまく獲得し、輸送し、利用することができるかどうかは、直接生存や繁殖に結びついていたために、進化の原動力にもなっているのではないかと私は考えています。

著者略歴

北山兼弘（きたやま かねひろ）
京都大学生態学研究センター教授。熱帯林の生態系生態学、特に森林構造・機能と栄養塩の関係が専門。1983年から巨大な熱帯林について研究、最近は熱帯林保護に関する研究も行っている。

森の4つの共生系

京都大学大学院人間・環境学研究科
加藤 真

植物があれば、それを食べる虫がいる。虫がいれば、さらにそれを食べるもっと大きな動物がいる。死んだ動物や枯れた植物の遺骸を土に返すはたらきを持つ微生物もいる。生きものがいることで生きものの生活の場が生まれていく。そうしたなかで、特定の生きものどうしに特に強く結びつきも生まれた。それが「共生」と呼ばれるものだ。植物の花、実、根、葉をめぐる共生の例を見ていこう。

現在の森林には、地球の歴史の中で最も高い生物多様性が見られます。このような森林で優占しているのは、花を咲かせ果実を実らせる被子植物です。被子植物には、繁殖・分散・栄養吸収・光合成を担う花・種子・根・葉という4つの器官があり、茎がこれらを支えています。そしてこれら4つの器官のすべてに、さまざまな動物や菌類がかかわりあっています。それぞれの器官にかかわる共生系を、送粉共生系（花）、種子散布共生系（種子）、菌根共生系（根）、防衛共生系（葉）と私たち生態学研究者は呼んでいます。この章では、これら4つの共生系において、どのような生物がどのようにかかわりあい、共生関係に満ちた森林の生物多様性をつくり出しているかを紹介したいと思います。

図1　森の4つの共生系

・送粉共生系	花	⟷	送粉者
・種子散布共生系	種子	⟷	種子散布者
・菌根共生系	根	⟷	菌根菌
・防衛共生系	葉・茎	⟷	護衛者

図２

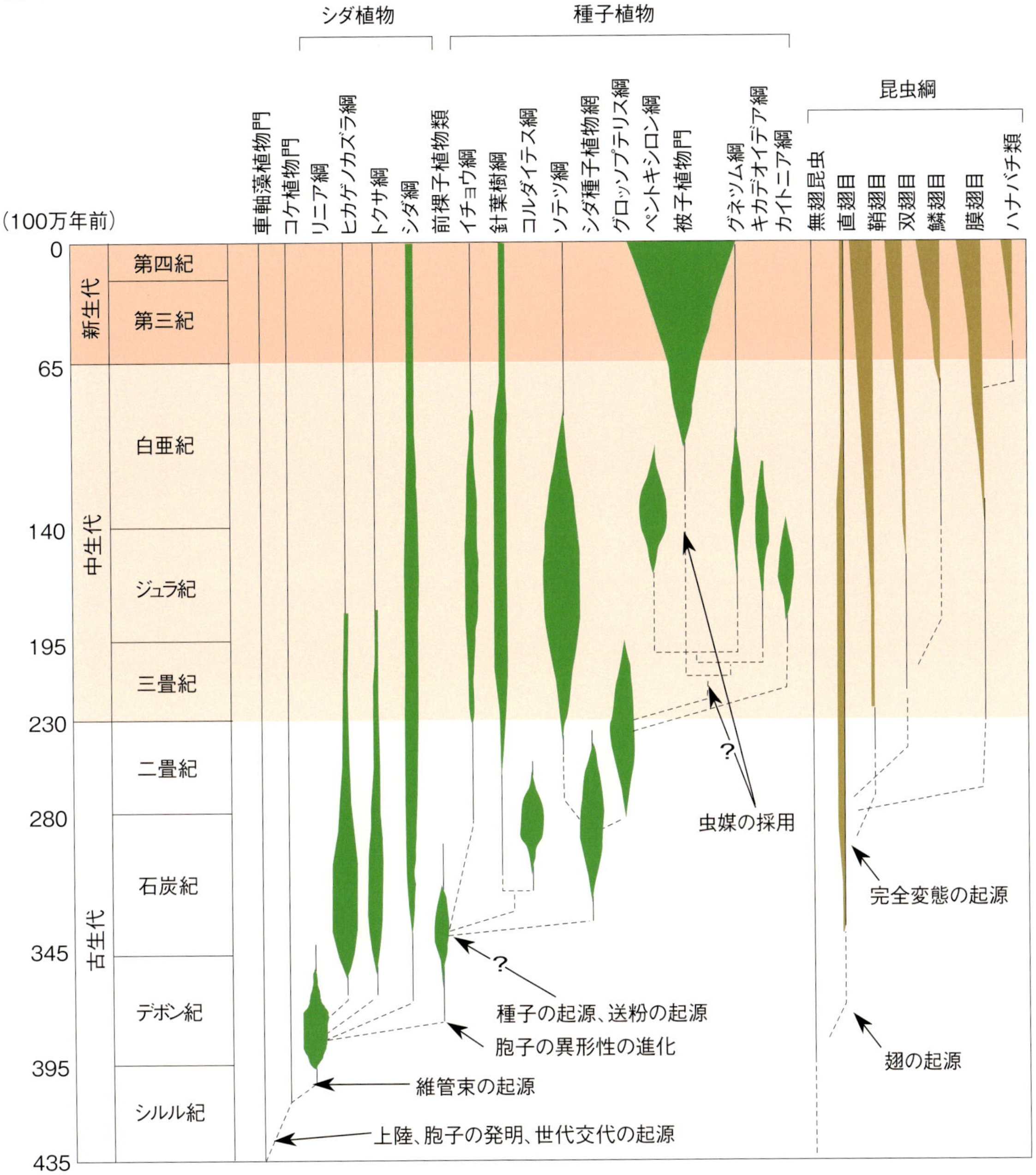

陸上植物の歴史

地球に小さな森が誕生したのは、およそ3億5000万年前のデボン紀です。この時代には、光合成を行う能力を持った植物（緑色植物）、昆虫、菌類など、さまざまな生物が陸上に進出しました。上陸した緑色植物の一部は、水を補給するしくみや頑丈な茎を発達させて、地上に立ち上がりました。一部の植物は木本化し大型化してゆき、そして大森林の時代、石炭紀が訪れます。石炭紀の森林で優占していたのは胞子をつける植物（広義のシダ植物）がほとんどで、種子植物は目立たない存在でした。

シダ植物が優占していた石炭紀の森林の多くは水辺に発達していたと考えられます。胞子が発芽すると、前葉体と呼ばれる小さな植物体が育ち、前葉体は卵と精子をつくります。胞子をつける植物では、精子が水中を泳いで卵と受精するので、繁殖には水が必要なのです。

やがて、胞子を親木の上で発芽させ、水から離れて受精をする植物があらわれます。種子植物です。高校で生物を履修した方なら、「種子植

写真１　虫媒を採用した裸子植物グネツム（左）と最も祖先的な被子植物アンボレラ（右）

物は胞子をつくらないのでは？」と思われるでしょう。しかし、起源を見ていくと、種子植物の胚珠は親木の上で発芽した雌の前葉体なのです。種子植物とは、胞子が親木の上で発芽し、次の世代の植物（種子）が親木から養分を受け取って成長できるようになった植物です。一方、雄の前葉体は「花粉」へと変化しました。花粉は風に乗って胚珠に飛来し（これが受粉）、卵を受精させます。初期の種子植物は、胚珠が子房（葉が変形した器官）に包まれていない裸子植物であり、中生代のジュラ紀まではこれらの裸子植物が卓越していました。

ジュラ紀の種子植物の中に、胚珠を包む子房を発達させた植物があらわれました。子房に包まれて種子が熟す植物、すなわち被子植物の誕生です。やがて子房をとりかこむ葉が、虫を呼ぶための目立つ花弁へと進化しました。被子植物は白亜紀の中ごろには、地球上で最も優占する植物になりました。現在の被子植物の大半は動物媒であり、また現在生き残っている最も祖先的な植物であるアンボレラ（ニューカレドニアに固有の科で1科1属1種の植物）が風媒と虫媒を両方行っているという事実は、被子植物の適応放散に動物媒が果した役割の大きさを示唆しています。裸子植物でも、グネツムのように虫媒を採用したものが見つかっています。繁栄から取り残されたこれらの植物が、じみな花と風変わりな匂いだけで送粉者を招いているのを見ると、被子植物の花弁が送粉共生の進化に果した影響の大きさに気づかされます。

送粉共生系

植物の密度が高く、また風通しの良い場所では風媒は効率的です。しかし、風通しの悪い林内の植物や、点々と生えるまれな植物が効率的に受粉（送粉）するためには、確実に花粉を送り届けてくれる送粉動物の存在が重要だと考えられます。しかし、植物と送粉動物の利害は、必ずしも一致していません。ミツバチなどの送粉動物に、植物の送粉を手伝う義務はありません。かれらにとって花粉はえさです。一方で植物は、少しでも多くの花粉を他の花に届けてほしいはずで、送粉動物にえさとして花粉を持ち去られるのは迷惑で

写真2　送粉共生系

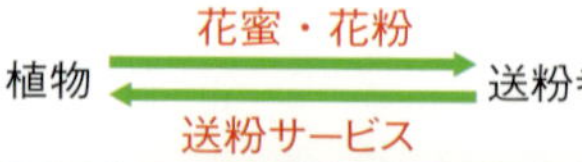

写真3　送粉シンドローム

鳥媒
・果序は直立
・昼間に開花
・苞が赤い

コウモリ媒
・果序は下垂
・夜間に開花
・苞が黒紫色

写真4　ハナバチの形態

写真5　マルハナバチとミツバチ

マルハナバチ
・寒帯〜温帯で卓越
・地中での女王の単独営巣
・高い体温維持能力（長毛に覆われる）
・働きバチは個体ごとに特定の花へ専攻
（定花性が高い）

ミツバチ
・熱帯〜温帯で卓越
・分封による巣分かれ
・高い働きバチ動員能力
（８の字ダンスによる餌場所の伝達）

ヤマボクチに
訪花した
トラマルハナバチ

ムニンフトモモに
訪花した
セイヨウミツバチ

す。植物と送粉動物はこのように、一面では相反する関係にあります。それでも、多くの植物と送粉動物が互いに助け合っている理由は、確実に送粉してくれる訪花者だけに植物が報酬を支払う（花粉や蜜を提供する）ように進化しているからです。

多くの植物の花は特定の送粉動物に適応した性質を持っています。このため、花の形態や咲き方と送粉動物のタイプの間には密接な関係があります。例えば、鳥媒の花は昼間に開花し、赤い花が多いのに対し、蛾媒やコウモリ媒の花は夜間に開花し、花の色はくすんでいるものの、強い匂いを発散させるという特徴があります。

ハナバチは優秀な送粉者

ほとんどの森林で最も多い送粉様式はハナバチ媒です。ハナバチ類は、営巣し昆虫を狩るアナバチ類に起源し、昆虫食から花粉・花蜜食に転換したハチです。大顎はアナバチ類と同様巣づくりなどに使用されていますが、その他の口器（小顎と下唇）は伸長して、吸蜜に利用されています。体毛は分枝していて、訪花時の花粉集めに役立っています。ミツバチ亜科では後脚の一部がくぼんで、集めた花粉を収納する花粉かごに変形しています。花を訪れる動物はたくさんありますが、ハナバチ類は多くの植物にとって最も重要な送粉者です。その理由は、ハナバチ類の幼虫は花粉と花蜜だけを食べて生育するので訪花頻度が高いことと、花粉のつきやすい体毛におおわれているために送粉効率が高いことです。

マルハナバチとミツバチ

ハナバチ類には、同じ巣で暮らすメスのなかに、女王と働きバチが分化したグループがいます。働きバチは子を産まずに、女王を助けます。このような性質は「真社会性」と呼ばれます。真社会性のハナバチの代表が、マルハナバチ類とミツバチ類です。マルハナバチは特別長い体毛でおおわれており、気温が低くても体温を30度以上に保って飛翔できるという特徴があり、冷温帯の植物にとっては欠くことのできない送粉者になっています。

北海道の原生花園や本州中部の高原は、マルハナバチが種数・個体数ともに多い場所です。そこでは、咲き乱れる花の送粉者として、マルハナバチが重要な役割を果しています。越冬したマルハナバチの女王は、地中のネズミの古巣などを見つけてそこに巣をつくります。彼女は春の花の花粉と花蜜を集めてだんごにし、そこに産卵します。幼虫はその花粉蜜だんごを食べて育ちます。最初に羽化するのはすべて働きバチで、彼女らも野外に採餌に出かけるようになり、コロニーは急速に成長します。夏が過ぎ、秋の花が咲く季節に、新女王と雄が羽化してきて交尾をし、新女王だけが土にもぐって越冬します。このような生活を送るマルハナバチが生活環を全うするためには、さまざまな植物の花が1年を通して咲き続けることが必要です。マルハナバチの働きバチは、同じ巣の仲間であっても、体の大きさに大きな変異があり、個体ごとに体サイズに合った花を決めて、それだけを訪花する性質があります。このような「個体ごとの花への専攻」も、確実な送粉に貢献しています。

同じ真社会性でも、ミツバチのそ

写真６　**小笠原母島の脊梁山地**
セイヨウミツバチが侵入・定着し、固有種ワダンノキを独占。

れはさまざまな点で異なっています。ミツバチの女王は、たくさんの働きバチを引き連れた分封という方法で新しい巣の創設を行います。ミツバチは断面が六角形のセルで構成される巣板をつくり、その中で幼虫を育てるので、幼虫の体サイズは均一です。ミツバチの働きバチには分業があり、餌場を見つける探索係は、よい餌場（例えば満開のトチの木）を見つけると、その場所の位置情報を、巣板の上の８の字ダンスによって精確に他のコロニーメンバーに伝えることができます。その情報を読み取った運搬係の働きバチはいっせいにその餌場に訪れ、蜜や花粉を一挙に収穫します。この餌場所への高い動員能力が、ミツバチの採餌能力の高さの背景にあります。このようにしてミツバチが餌場の木と巣を往復すると、木と木の間での花粉の移動は少なく、結果として送粉者としてはあまり有効に機能しないこともあります。

外来生物と送粉共生系

小笠原は海洋島（一度も他の陸塊とつながったことがない島）で、在来のハナバチはすべて単独性ハナバチでした。しかし、養蜂のためにセイヨウミツバチが小笠原に導入されると、セイヨウミツバチはそこで野生化し、圧倒的な採餌能力によって花資源を独占しました。例えば、小笠原母島の脊梁山地にはキク科固有属のワダンノキが分布していますが、11月に咲くその花もセイヨウミツバチに独占されています。

セイヨウミツバチが野生化した背景には、天敵であるスズメバチ類が小笠原にいなかったことと、蜜源植物として導入された外来植物（タチアワユキセンダングサやホナガソウ）がそこで蔓延し、セイヨウミツバチの繁栄を助長したことが考えられます。植生破壊が激しく、蜜源となる外来植物が多く、養蜂のさかんな父島では、自然林においてさえ在来のハナバチは絶滅してしまっています。一方自然度の高い兄島ではまだ在来のハナバチ相と健全な送粉共生系が残されています。

送粉共生系に大きな影響を与える可能性のある外来種は、マルハナバチ類でも知られています。ヨーロッパ原産のセイヨウオオマルハナバチは、養蜂技術が開発されて、多くの

写真7

周食散布（鳥、サル、オオコウモリ、イノシシ、シカ、ゾウ）
果実は液果で、甘い果肉が発達するが、種皮は堅い
散布者は果肉だけを食べて、種子を糞またはペリットとして排出。

食べ残し散布（ネズミ、リス、カケス、ゴジュウカラ）
果実は堅果で、種子散布者はそれを隠匿貯蔵する
性質があり、結実は豊凶の振幅が著しい。

アリ散布（アリ）
種枕が報酬。

種子散布様式

- 風散布
- 水散布
- 自動散布
- 重力散布
- 動物体表付着散布
- 種子散布共生
  - 周食散布
  - 食べ残し散布
  - アリ散布

生きたコロニーがトマトの授粉用に日本に輸入されました。ところが、温室から逃げ出したセイヨウオオマルハナバチが、各地で野生化しつつあります。特に北海道では野生化個体群の分布拡大は顕著で、マルハナバチの在来種への影響（競争排除や雑種形成、遺伝子浸透、寄生者の伝播など）や、送粉共生系への影響（植物の受粉率の低下、盗蜜の増加など）が懸念されています。

種子散布共生系

受精した胚珠のうち、一部の胚珠だけが母植物に成長を許され、栄養を与えられて種子となり、それを包んでいた子房は果実になります。種子は新しい場所に植物がひろがるための散布体です。宿命的に動けない植物は、風や水を有効に使って種子を新しい有望な場所に送り届ける手段を発達させました。翼や冠毛を発達させた風散布種子、コルク層や空気袋を発達させた水散布種子などがそれにあたります。一部の植物では、粘液突起やかぎ状突起などの付着装置を発達させ、動物の移動に便乗するという方法をとりました。

フルーツは散布のために

被子植物の果実は、それを食べにやってくる動物と出会って、新たな散布方法を獲得することになりました。イノシシ、シカ、ゾウなどの動物に果実が食べられる植物では、種子の皮（種皮）が堅かったり、種子が苦かったりすることが多く、それは種子が消化されないような適応だと考えられます。このような適応によって、種子が生き残るようになると、液状の甘い果肉を持つ果実（液果）で動物を誘引し、種子散布を手伝わせる植物が進化しました。鳥、サル、オオコウモリなどは、液果を口に入れて移動し、果肉だけを食べて、種子をペリットまたは糞として排出します。果肉が種子散布者への報酬になっているこのような散布様式は「周食散布」と呼ばれます。東南アジア熱帯は特に周食散布種子が多く、その中にはドリアン、マンゴスチン、ランブータン、マンゴー、バナナのように人間にとっても非常においしい果実が数多くあります。特にこの地域においしい野生果実が多い理由は、人間に近い味覚を持った樹上性

写真8　きのこ

担子菌類や子嚢菌類の子実体
- 胞子を風に乗せて散布させる
- 昆虫や哺乳類に胞子散布を委託

カラカサタケ

キヌガサタケの一種

写真9　分解者としての菌類

腐朽菌（セルロースとリグニンを分解）
- 木材腐朽菌　シイタケ、ナメコ、ツキヨタケ
- 落葉腐朽菌　ホウライタケ（ヤマンバノカミノケ）

ツキヨタケ

ホウライタケの一種

の種子散布者（オランウータンやテナガザル）が森林に棲息しているからです。

忘れられる種子

一方、果肉は発達せず、種子そのものが報酬となる散布様式も知られています。植物にとって種子が散布体であるので、種子が報酬となる状況は単純には考えにくいでしょう。種子が大量に結実した時、種子食動物はそれを食べきれず、残った種子をあちこち隠してまわります。こうして隠匿貯蔵された種子が、隠した動物が死んでしまったり、隠した場所を忘れたりなどのさまざまな要因によって食べられずに残り発芽すると、それは有効な種子散布だったということになります。このような散布様式を「食べ残し散布」と呼びます。隠匿貯蔵する種子食動物には、ネズミ、リス、カケス、ゴジュウカラなどが知られています。かれらによって散布される種子は、ブナ科やクルミ科、トチノキ科などの堅果（ナッツ）類です。種子散布者が種子食動物であるので、結実量がある程度の量以下だと種子がすべて食べられてしまい、有効な散布に結びつきません。食べ残し散布の植物では、しばしば種子結実に著しい豊凶の波があります。それには、食べつくしを避ける効果があるのかもしれません。

昆虫が運ぶ種子

これまでの種子散布者はみな脊椎動物でしたが、昆虫がかかわる種子散布様式も知られています。スミレやカタクリ、ホトケノザなどの植物の種子には種枕（エライオソーム）と呼ばれる脂肪分に富む付着物があり、それが種子散布者であるアリの報酬となるのです。種枕ははずしにくいために、アリは種枕がついた種子ごと巣に持ち帰り、それをおそらく幼虫が食べ、種枕が消費されると種子をゴミ捨て場に捨てにゆきます。このようなささやかな距離の散布が適応的である背景には、アリの抗菌物質による病原菌に対する種子の消毒効果や、ゴミ捨て場のような肥沃な土壌環境への種子の投棄などがあるかもしれません。

菌根共生系

植物の根は地中にはりめぐらされて、植物体を大地に支えているだけでなく、水や無機塩類を吸収する役割を果しています。植物が生きていくためには、窒素・リンなどの栄養素（無機塩類）を、土壌中から根を通して吸収することが必要です。このような吸収の役割を果しているのが根毛ですが、土壌のすき間で根毛よりも高い吸収能力を発揮するのが真菌類の菌糸です。植物の多く（水生植物以外）の根にはさまざまな菌糸がまとわりついていて、それは菌根と呼ばれる、植物と真菌類（きのこやかびの仲間）の共生状態であることが最近注目されるようになりました。この菌根共生は、植物が光合成により生産した同化産物（炭水化物）を菌類に与え、その見返りに菌類は無機塩類の吸収を助けるというものです。ある測定では、植物の同化量の半分以上が菌根菌の呼吸に使われているという結果が出ており、植物は菌根共生に多大なコストを払っているようです。

菌根には、原始的な接合菌類がつくる内生菌根、より新しく進化した担子菌類や子嚢菌類がつくる外生菌根などがあります。内生菌根では、菌糸が根の細胞内まで入り込み、その細胞内に特徴的な樹状や嚢状の構造をつくります。接合菌類は寄主特異性が低く、ほとんどの陸上植物が内生菌根を形成しており、デボン紀のシダ植物もすでに接合菌類の内生菌根をもっていたようです。

一方、外生菌根では、菌糸が根のまわりをびっしりと取り巻くものの、根の細胞内には侵入しません。外生菌根が形成された根は太く肥厚し、根毛が退化しています。外生菌根を形成し十分成長した菌根菌は、決まった季節にきのこ（子実体）を地上に生やします。

そもそもきのことは、主に担子菌類が、かさの下のひだの表面に担子器が並び、それが担子胞子を打ち出して、風に乗せるための構造物です。一部の菌類では、臭い匂いを出して、ハエなどの昆虫に胞子を運んでもらうものもあります。菌類は一般に、細い菌糸を基質中に伸ばし、さまざまな有機物を外部消化して吸収することにたけた生物群で、森林の生態系の中では、木材腐朽と落葉腐朽に著しい貢献をしています。本来ならば分解者である担子菌類の一部が、植物の根と出会って栄養共生の生活に移行したのが菌根菌です。

シイタケ、ナメコ、マイタケ、ヒラタケ、ブナシメジ、エノキタケなど、栽培化が成功しているきのこの大半は木材腐朽菌であるのに対し、マツタケ、ホンシメジ、ショウロ、ハツタケなどの菌根菌の栽培はいまだに成功していません。これらの菌根菌が共生する樹種は、マツ科、ブナ科、カバノキ科、フタバガキなど限られています。東北地方では秋になると多くの人がブナ林やミズナラ林、マツ林、カラマツ林などにきのこ採りに出かけますが、それらの森の林床から出るきのこは、外生菌根菌の子実体です。

九州の火山性ネザサ草原には、ササナバという珍しいきのこが出ます。ササナバはネザサに菌根をつくる菌類で、ササナバが感染しているネザサは遠くから見ると黄色く見えます。ササナバは日本固有種で、しかもイネ科と菌根共生する植物としても世界唯一のものです。菌根菌の中には寄主特異性の高いものが多く、また日本列島にはさまざまな植生があるので、極めて数多くの菌根菌の未記載種が存在するだろうと予測されています。ヨーロッパでは菌根菌の多様性が近年激減していることが報告されており、日本でも森林の断片化や乾燥化などが菌根菌に大きな影響を与えていると考えられ、菌根菌の多様性の研究が緊急に必要とされています。

防衛共生系

動けない植物が植食者（植物食動物）の食害を回避するために取りえた選択肢は、物理的防衛と化学的防衛でした。とげや刺毛、腺毛をまとうことによって、植物は植食者の食害を軽減することができます（物理的防衛）。例えば、シカの食害の強い金華山では、アザミ類など多くの植物がそれらの物理的防衛装置を著しく発達させています。マダガスカル南部には棘葉樹林と呼ばれる異彩を放つ景観の森があります。そこにはカナボウノキ科やトウダイグサ科などのとげだらけの植物が生えていますが、葉がとげのよう鋭く細くなったこれらの植物の形態は、葉の面積を小さくすることにより乾燥を防ぐという適応であると同時に、キツネ

写真10　植物と植食者の軍拡競争

植食者が解毒機構を進化

↓

植物がさらに毒性の強い二次代謝産物を生産

猛毒のアルカロイドを持つトリカブト

ザルなど葉を食べる植食者に対する物理的防衛手段だと考えられます。葉に柔らかな毛をまとった植物はごく普通に見られますが、このような毛でさえ、物理的防衛に寄与しています。新芽は植食性昆虫に最もねらわれやすい部位ですが、それらの毛は孵化直後の小さな一齢幼虫にとって、食いつきを阻害する防護壁として機能するはずだからです。

植物と昆虫のいたちごっこ

しかし植物がとっている最もふつうの被食防衛手段は化学的防衛です。生物が共通して持っている、生命維持に欠かせない解糖系、クエン酸回路、ペントースリン酸回路という3つの反応系を一次代謝系と呼びます。生きものの体内で起こる反応のうちこの一次代謝以外のすべての反応を二次代謝といいますが、植物ではこの二次代謝が著しく多様になっています。植物だけで二次代謝が特に発達している理由の1つは、植物が光合成によって得られる潤沢なエネルギー源をもっていることです。このエネルギーを背景に細胞中ではさまざまな化学反応が進行しますが、化学反応で生じる代謝産物は植物自身にとっても有毒なものが多く、いわば老廃物といえます。植物の細胞には、こうした有毒な二次代謝産物を隔離しておく、液胞という細胞内小器官があります。植食性昆虫が植物の葉を食べるときは、この液胞も一緒に食べることになります。このとき、やっかいな老廃物の二次代謝産物が、期せずして化学防衛物質として力を発揮することになったのです。

植食性昆虫は、有毒な二次代謝産物を解毒する機構を進化させています。これに対して、植物も毒性のさらに強い二次代謝産物を進化させ、そして再び植食性昆虫はその物質に対する解毒機構をさらに進化させる、という具合に、両者が共進化を続けることがあります。このような過程は、「軍拡競争」と呼ばれています。植食性昆虫の解毒システムは特別の毒物だけにしか対応できないので、植食性昆虫は必然的に食べられる植物が限定され、寄主特異性を高めざるを得ません。こうして、アルカロイドなどの毒性の強い二次代謝産物が生まれたし、それを摂食しても平気な植食性昆虫も生まれました。植食性昆虫の多様性は、寄主特異性を宿命的に高くせざるを得ないゆえに、植物の多様化を後追いするように多様化してゆきました。現在地球上の生物多様性の約4分の1が陸上植物で、約4分の1が植食性昆虫である背景には、このような化学防衛をめぐる植物と植食者の共進化があったと考えられます。

植物が作り出した多様な二次代謝産物は、人間にとってもかけがえのない価値があることが認識されるようになりました。熱帯雨林の植物多様性はそのまま、医薬品などに利用できる可能性のある二次代謝産物の多様性を意味します。奄美大島で発見されたワダツミノキはクロタキカズラ科クサミズキ属の珍しい植物ですが、この属の植物が持つアルカロイドの1つに抗がん作用のあることが知られています。

護衛を雇う植物

物理的・化学的防衛に加えて、一部の植物は新たな防衛手段を発達させました。それが報酬を払って護衛者を雇うという方法です。植食者の

写真11　人間にとっても大切な植物の多様性

植物の多様性 → 二次代謝産物の多様性

ワダツミノキ（二次代謝産物のアルカロイドが抗がん作用）

写真12　防衛共生系

植物 →（営巣場所・花外蜜）→ 護衛者
植物 ←（防衛）← 護衛者

オオバギの茎中に営巣するアリ

写真13　ツムギアリも防衛に貢献

植物 →（営巣場所）→ ツムギアリ
植物 ←（防衛）← ツムギアリ

捕食者で、定住性が高く、捕食能力の高いものがアリ類です。カラスノエンドウの托葉やサクラ属の葉の蜜腺からは花外蜜（花以外の部位から分泌される蜜）が分泌されますが、それらの蜜をなめにくるアリがその周辺を哨戒して、植食者を排除します。オオバギ属（トウダイグサ科）やアリノスダマ属（アカネ科）には、アリに自らの茎を営巣場所として提供する植物があり、これらの植物はその共生アリのコロニーに防衛の生涯保証を依託しているわけです。熱帯林の樹上には葉をつづったツムギアリの巣がよく見られますが、これも防衛共生の一例でしょう。

植食者以外にさまざまな病原菌が植物に寄生します。植物の二次代謝産物の中にはこれらの病原菌に対しても防衛物質として機能するものもあります。一方、植物体の中には内生菌（エンドファイト）と呼ばれる菌類（主に子嚢菌類）が共生していることが知られ、それらが病原菌に対して拮抗的に働いたり、内生菌由来の二次代謝産物が植食者を毒殺したりすることもあることがわかってきました。内生菌と病原菌は系統的に近縁なものも多く、内生菌は病原菌に起源しているようです。このように植物はさまざまな生物とのせめぎあいの中で、多様な防衛共生を発達させていると言えます。

ここまで紹介してきた4つの共生系は、森林生態系の中に複雑に織り込まれています。森林生態系はこれらの共生のネットワークによって維持されているため、もし森林の分断化や孤立化が進行し、共生系のパートナーが失われると、その影響は森林生態系全体に及び、生態系機能の劣化や生物多様性の減少が進行すると考えられます。森林生態系の保護にはこのような共生系の維持という視点が非常に重要なのです。

著者略歴

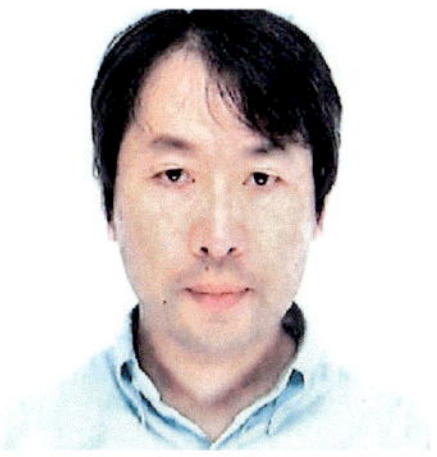

加藤真（かとう まこと）
京都大学大学院人間・環境学研究科教授。生態学（植物と昆虫の送粉共生、渚の自然史）が専門。カンコノキ属で発見された絶対送粉共生系の進化と多様化の謎を追って、世界各地の森に足を運んでいる。

野ネズミとドングリとの不思議な関係

～ドングリは本当に良いえさか？～

森林総合研究所 東北支所
島田卓哉

イラスト／柏木牧子

栄養たっぷりのドングリは、森にすむネズミなどの小動物の大切なえさ。かれらがドングリを集め、冬の間の食糧としてたくわえることは、ドングリが森の中に散らばっていくことにつながる。だから、ドングリの木とネズミたちの間には、持ちつ持たれつの関係がある。そう考えられてきたのだが……。

ドングリと野ネズミとの深い関係

多くの方が、雑木林や公園でドングリを拾い集めた経験をお持ちなのではないでしょうか。落ち葉の上ドングリは、きらきら光っていてまるで宝石のようです。

ドングリは、コナラ、ミズナラ、クヌギ、シラカシ、アカガシといったブナ科コナラ属樹木（ナラ類、カシ類）の種子の総称です。コナラ属の樹木は世界中に約５００種があり、日本にはそのうちの約20種が分布し

撮影／堀野眞一氏

ています。かつて人間は、カシやナラの木材は炭として、ドングリは食物として利用してきました。現在では人間がドングリを食べることはほとんどなくなりましたが、森にすむ動物にとってドングリは、今も変わらず、秋そして冬越しのための貴重な食料です。

　ドングリが森林の動物にとって重要なえさであるのには、いくつかの理由があります。まず、炭水化物に富む、大型の種子であること。また、果実などに比べて腐りにくく長期保存が可能なこと。葉などに比べてミネラルを多く含むという点でも貴重です。さらに、豊作の年には莫大な量のドングリが実るために、森林に生息する動物は多量のえさを手に入れることができます。実際、ドングリの豊作・凶作によって、野生動物の個体数が大きく変動するという報告もあります。

　森林に生息する動物の中でも、アカネズミなどの野ネズミ類とドングリとの関係は特に密接だと考えられています。野ネズミは、ドングリが実り落下する時期にドングリを集中的に食べ、大量のドングリを巣穴などに運搬し、たくわえます。これらのドングリは、野ネズミの冬越しのえさとなるのです。しかし、野ネズミはたくわえたドングリをすべて食べてしまうわけではありません。ドングリの一部は食べられずに残り、条件が整えばその場で発芽し、芽生えとなります。つまり、結果的にドングリは、野ネズミに親木から離れた場所に運んでもらったことになるわけです。

　種子が親木から離れて拡がっていくことを「種子散布《しゅしさんぷ》」といいます。植物は一度根を張ってしまうと移動することができませんので、種子散布の段階は植物にとって数少ない移動のチャンスです。このチャンスに効果的に種子を散布することによって、植物はその分布域を拡げることができます。また、親木の近くは、種子や芽生えを食べる動物や病気を起こす微生物などが集中していて、芽生えの死亡率が高い傾向があります。種子が散布されることには、親木から離れることによって生存率を高めるという効果もあるのです。

　「どんぐりころころ……」という童謡があるため誤解されがちですが、ドングリの種子散布では、重力にしたがって斜面を転がって移動する「重力散布」はあまり重要とは考えられていません。重力散布はふつう種子の移動距離が短く、一定の方向にしか散布されないからです。

　ドングリを実らせるコナラ属の樹木は、野ネズミがえさをためこむ習性を利用して種子を散布します。このような種子散布の様式を「貯食型散布」といいます。ドングリは乾燥に弱く、地表に落ちただけでは発芽できないこともあるため、野ネズミによって土に埋められることには、乾燥を防ぎ、発芽率を高めるという効果もあります。

　このように、森にすむ野ネズミは、ドングリを食べる一方で種子の散布をになうため、コナラ属の樹木と深い関係をもっています。このような背景から、ドングリは野ネズミにとって利用しやすい「良いえさ」であって、ドングリを実らせる樹木と野ネズミとはお互いにとってプラスとなる相利共生的な関係にあると考えられてきました。

表1　ドングリに含まれる栄養成分（乾燥重量に対する%）

	コナラ	ミズナラ
粗タンパク質	4.5	4.4
粗脂肪	2.5	1.7
粗灰分	1.9	2.1
粗繊維	2.8	1.5
炭水化物	88.3	90.3
タンニン	2.7	8.6

ミズナラのドングリには、**被食防御物質であるタンニン**が多量に含まれている。

撮影／齊藤隆氏

ドングリは本当に良いえさなのか？

　ところが、ある種のドングリには「タンニン」という化学物質が多量に含まれています。タンニンは、最近の健康ブームでよく話題にのぼる赤ワインなどに含まれるポリフェノールの一種です。タンニンにはタンパク質と結合しやすいという特徴があり、多量に摂取するとさまざまな有害な影響を引き起こします。そのため、タンニンを蓄積することによって、植物は動物に食べられるのを防ぐことができます。このような機能を持つ物質を「被食《ひしょく》防御物質」と呼びます。

　従来は、タンニンの被食防御作用は、タンパク質と結合し消化阻害を引き起こす程度の比較的穏やかなものだと考えられていました。ところが、近年の研究の進展により、タンニンは消化管の損傷や臓器不全といった急性毒性をもつ物質であることがわかってきました。

　摂取されたタンニンは、消化管内で内壁や粘膜のタンパク質と結合し、消化管に潰瘍《かいよう》などの損傷を引き起こします。さらに、この際に生じたタンニンとタンパク質の複合体は消化されずにそのまま排泄されてしまいます。タンニンによって、体内のタンパク質がどんどん失われてしまい、体内のタンパク質収支の悪化が起こるのです。そのうえ、体内に入ったタンニンの一部は胃液などの作用によってフェノールという物質に分解されると体内に吸収され、肝不全、腎不全を引き起こします。タンニンは、動物の体にさまざまな悪影響を与える有毒物質だったのです。

　表1は、日本産のドングリ2種（コナラ、ミズナラ）の栄養成分とタンニンの含有率を示したものです。ミズナラは約10％と非常に高いタンニン含有率を示しています。有毒物質であるタンニンをたくさん含んでいるのに、ドングリは本当に良いえさだといえるのでしょうか？　秋から冬のえさとしてドングリを大量に食べる野ネズミは、タンニンによる悪影響を受けないのでしょうか？

　私たちは、ドングリのえさとしての価値をもう一度見直してみることにしました。

アカネズミにドングリだけを食べさせる

　ドングリは本当に良いえさなのか？　この疑問に答えるために、アカネズミにえさとしてドングリだけを与えて飼育するという単純な実験を行いました。アカネズミは、北海道から九州までの平地から亜高山帯の森林に広く生息する、体重30～60グラム程度の野ネズミです。日本中に広く分布し生息個体数も多いため、日本の森林における最も重要なドングリの散布者の一つだと言えます。

　野外で捕獲したアカネズミを三つのグループ（それぞれ8頭ずつ）に分け、コナラのドングリだけを与えるグループ（コナラ供餌群）、ミズナラのドングリだけを与えるグループ（ミズナラ供餌群）、マウス用の人工飼料を与えるグループ（対照群）をつくりました。実験開始後初めの15日間はすべての群に同じ人工飼料を与えて飼育し、その後15日間、それぞれのえさを十分に与えました。マウス用の人工飼料にはタンニンは含まれていません。

図1　ドングリ摂食の影響

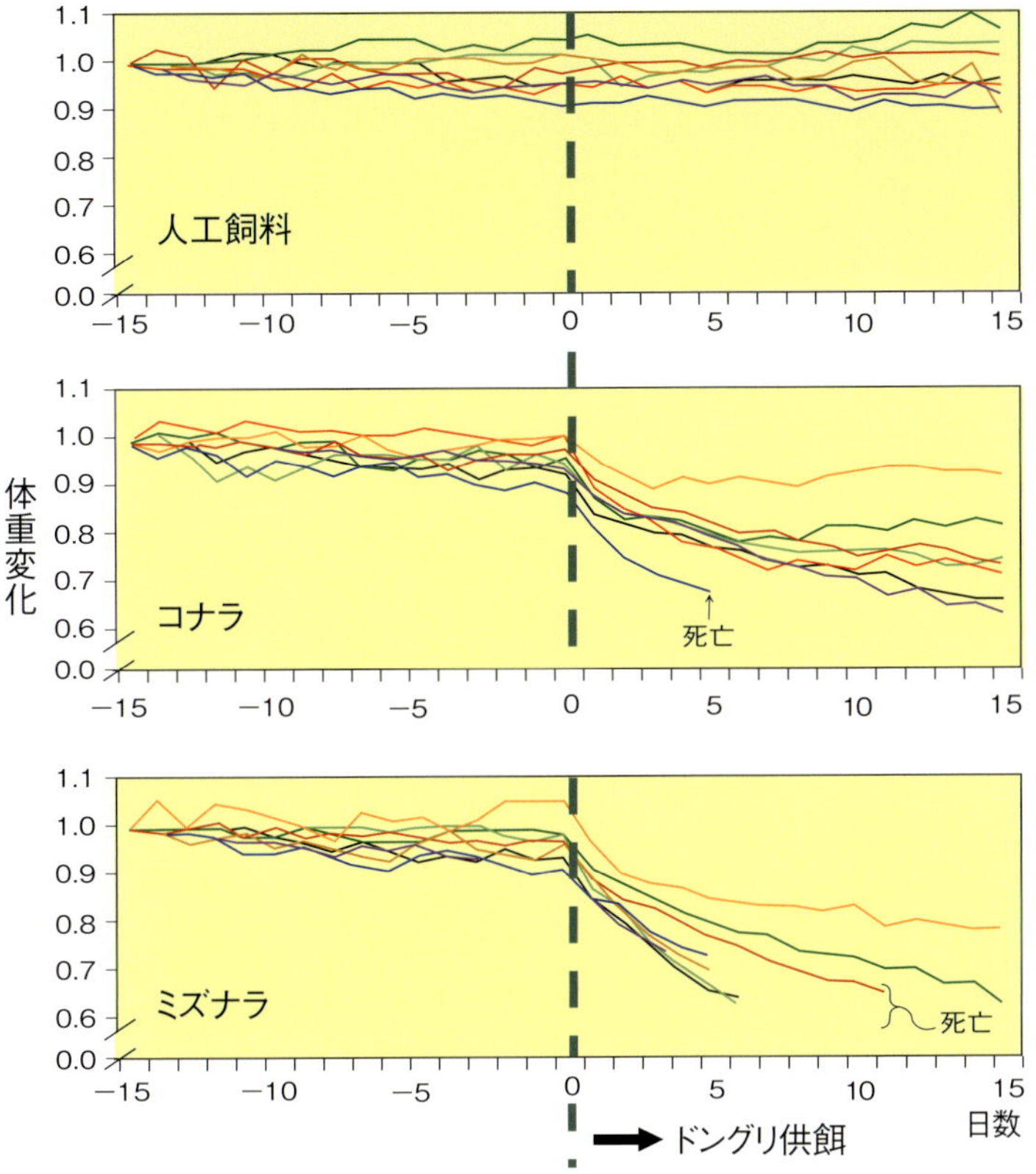

	生存	死亡
人工飼料	8	0
コナラ	7	1
ミズナラ	2	6

急激に体重が減少

大半の個体が死亡

結果は驚くべきものでした。ドングリだけで飼育したアカネズミは急激に体重を減らし、ミズナラ供餌群では半数以上が死亡してしまったのです。死亡した個体数は、対照群では0頭、コナラ供餌群では1頭、ミズナラ供餌群では6頭となり、大きな違いが認められました。

また、ドングリの消化率を計算したところ、コナラ供餌群でもミズナラ供餌群でも約80％と高率でしたが、タンパク質の消化率は、コナラ供餌群で12％、ミズナラ供餌群でマイナス17・5％ととても低い値となりました。タンパク質消化率がマイナスになるということは、ミズナラのドングリを食べれば食べるほど、体内のタンパク質が体外に排出されてしまうことを意味しています。

アカネズミのこのような「不健康」な状態は、ドングリのタンニンが原因なのでしょうか。この実験だけでは、そう結論することはできません。単純にカロリーが不足していたのかもしれないし、アカネズミが生き続けるのに必要な栄養分（タンパク質や脂質、必須アミノ酸など）を、ドングリだけでは十分に得られなかったのかもしれません。それを確かめてみる必要があります。

そこで、主要栄養素の比率がドングリとほぼ同じになるように作製した、タンニンを含まない特製の配合飼料でアカネズミを飼育しました。しかし、1か月以上飼育を続けても大幅に体重が減る個体は生じませんでした。これによって、アカネズミの「不健康な」状態の原因は栄養不足ではないことを確かめることができました。

ドングリを与えたアカネズミで見られたタンパク質消化率の低下は、タンニンが引き起こす典型的な症状の一つであることから、ドングリを与えたアカネズミに見られた死亡や体重減少は、ドングリのタンニンによって引き起こされたと考えるのが妥当だと考えられます。そして、同じドングリであってもコナラとミズナラでは、その悪影響の大きさがかなり違うことも判明しました。この違いは、コナラとミズナラのドングリのタンニン含有量の違いに起因するものだと考えられます。

この実験によって、コナラやミズナラのドングリは潜在的に有害であり、それだけではアカネズミは健康な状態を維持できないということが明らかになりました。ドングリは、少なくともアカネズミにとっては「良いえさ」であるとは言えないのです。「悪いえさ」を工夫して利用しているという視点からドングリと野ネズミとの関係をとらえ直さなければ、両者の関係の本当の姿を理解することはできないようです。

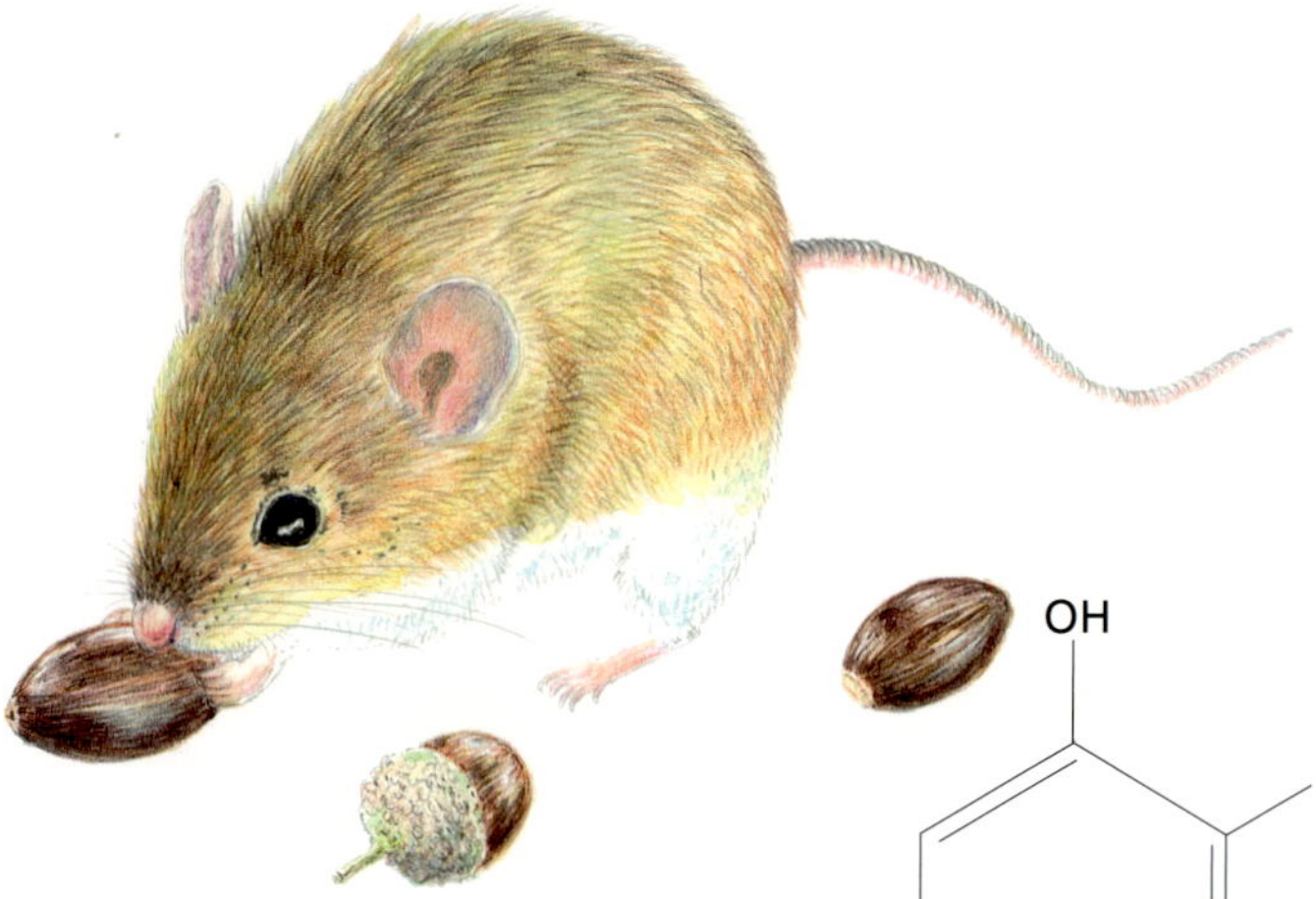

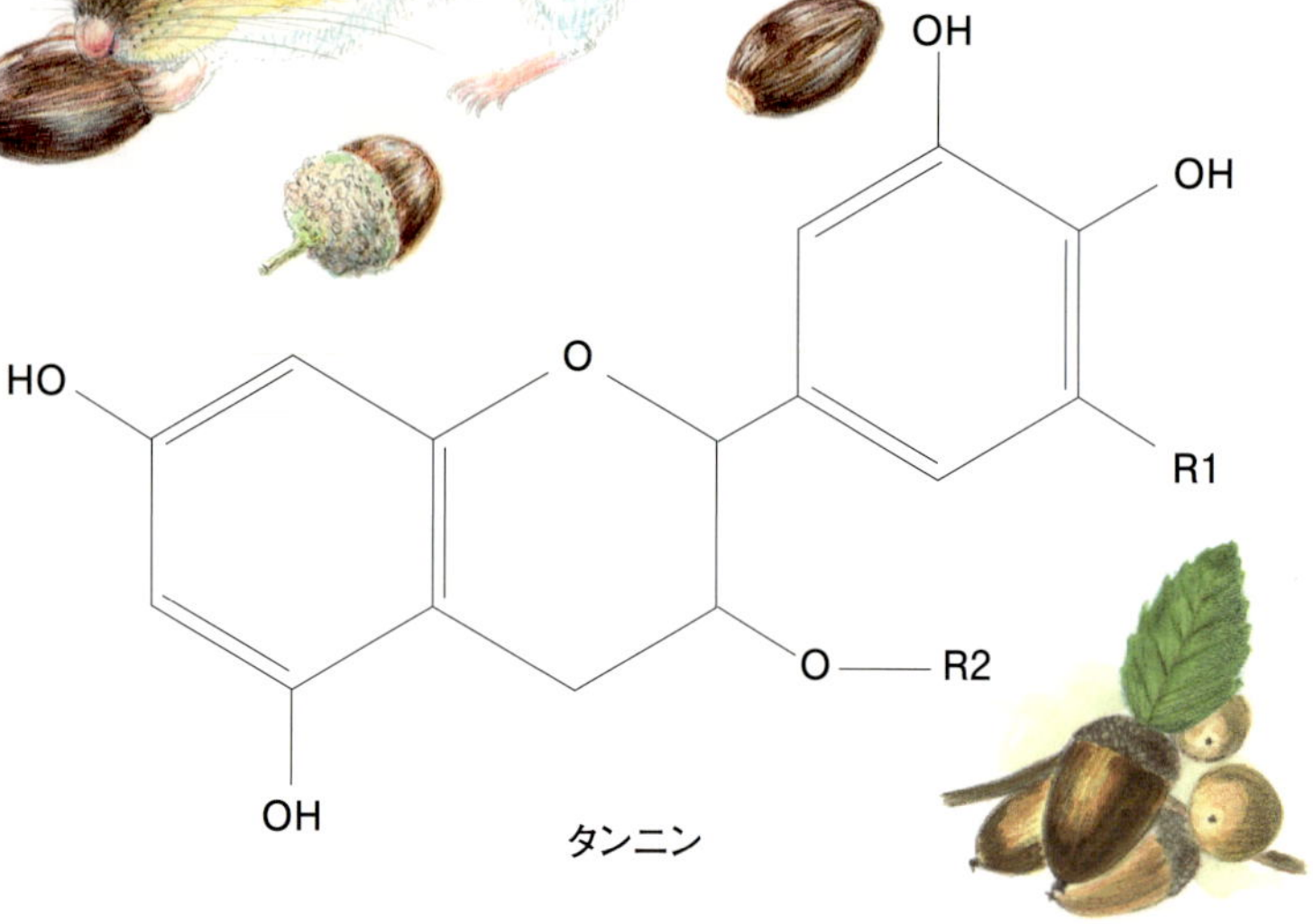

タンニン

アカネズミはどうやってタンニンを克服しているのか？

アカネズミにとって、ミズナラのようにタンニンを多く含むドングリは潜在的には有害であることがわかりました。

一方で、アカネズミが秋から冬にかけてドングリを主要なえさとし、ドングリに依存した生活をしていることもまた事実です。この時期、アカネズミが地面に落ちたドングリを非常に熱心に採餌し、貯食することはよく知られています。また、アカネズミの胃内容を分析した研究で、ドングリ落下時期には、ドングリをはじめとする種子類に由来するデンプン質が、その食物の中で大きな割合を占めることが明らかにされています。

これらの一見相反する事実から、野生のアカネズミが何らかの方法でドングリに含まれるタンニンを克服している可能性が浮かび上がります。アカネズミは、どのような方法でタンニンを克服しているのでしょうか？

最初に検討したのは「貯食毒抜き仮説」です。これは、貯食期間中にドングリ中のタンニンが風雨や微生物の影響を受けて失われてしまい食べやすくなるというアイデアです。アカネズミはドングリを土の中に埋めてたくわえ、あとで回収して食料とします。この習性そのものにタンニンを克服する仕組みが隠されているのではないかと考えたのです。

そこで、コナラとミズナラのドングリを土の中に埋めて、3か月間のタンニン量の変化を調べました。予想に反して、土に中に埋められたドングリのタンニン量は、3か月経過しても落下直後のドングリと変わらないことがわかりました。「貯食毒抜き仮説」ではタンニン克服の説明はできませんでした。

続いて検討したのが、「馴化《じゅんか》仮説」です。馴化とは、「体の馴《な》れ」のことです。つまり、アカネズミはタンニンを少しずつ摂取して体が馴れて来たら、タンニンを多く含むドングリを食べても大丈夫になるのではないかという考えです。

馴化に着目したのには二つの理由があります。まず、ドングリによる飼育実験で得られたコナラ供餌群のアカネズミの体重変化です。体重変化のグラフをよく見ると、一部の個体で体重減少が止まり、体重が増加に転じていることがわかります。これは、ドングリ供餌期間中にタンニンに対する馴化が生じたために発生したとは考えられないでしょうか。もう一つは、他の哺乳類でタンニン

図2 貯食で毒が抜けるのか?

貯食期間中に物理化学的作用や微生物のはたらきによってタンニンが消失してしまうのではないか?

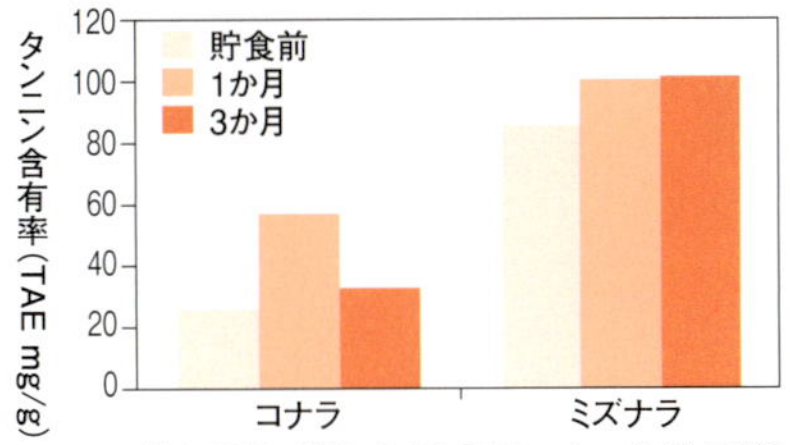

貯食がドングリに含まれるタンニンへ及ぼす影響

貯食を経てもドングリ中のタンニンは減少しない

に対する馴化をもたらすしくみがあることがわかっていたからです(この点についてはあとで詳しく説明します)。

そこで、馴化の効果を確かめるために、次のような実験を行いました。

野外で捕獲したアカネズミを二つのグループに分け、一方を馴化群(12頭)、もう一方を非馴化群(14頭)としました。捕獲した日から4週間を馴化期間とし、その後の10日間をミズナラのドングリのみを与える期間(ドングリ供餌期間)としました。

図3 タンニンに体が馴れていたら大丈夫か?

馴化(じゅんか=馴れ)の兆候があった

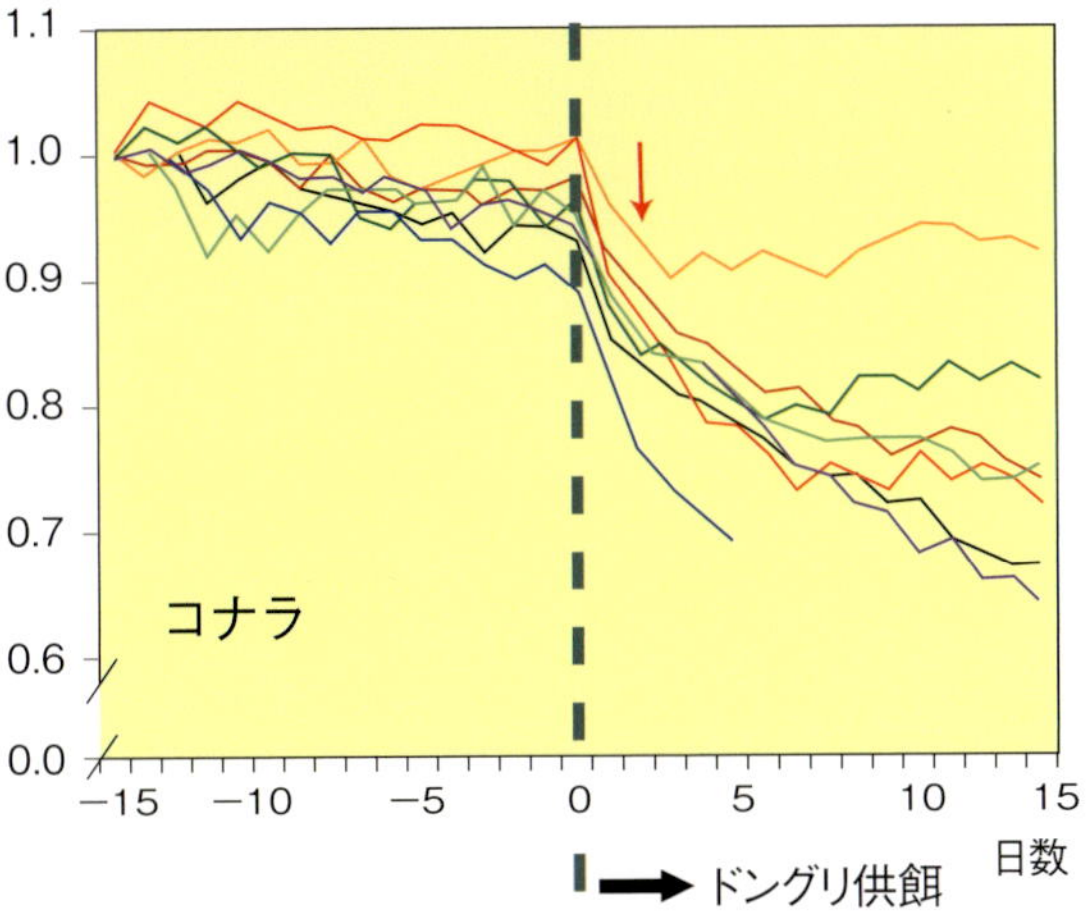

タンニンを少しずつ摂取して体が馴れて来たら、
タンニンを多く含むドングリを食べても大丈夫?

このアイデアを確かめるための実験を行った
・馴化アカネズミ—配合飼料
＋約3gのミズナラのドングリ
・非馴化アカネズミ—配合飼料のみ
(配合飼料はタンニンを含まない)

馴化期間中は、非馴化群にはタンニンが含まれない特製配合飼料のみを与え、馴化群にはそれに加えて毎日約3グラムのミズナラのドングリを与えてタンニンに対する馴化を行いました。馴化がタンニンを克服するのに有効であれば、馴化群は非馴化群に比べ、ドングリ供給期間の死亡率や体重変化においてより良い結果を示すことが期待されます。

予想どおり、非馴化群では14頭中8頭がドングリ供餌期間中に死亡したのに対し、馴化群では12頭中1頭しか死亡しませんでした。体重変化に関しても同様の傾向がみとめられました。ドングリ供餌期間に入って、非馴化群のアカネズミは急激に体重が減少していますが、馴化群では多くの個体で体重はほぼ一定に保たれ、一部の個体では体重の増加が見られました。これらの結果は、タンニンを克服するうえで馴化が有効であることをはっきりと示しています。つまり、アカネズミは体がタンニンに馴れていれば、タンニンを多く含むドングリを食べても大丈夫だということが明らかになったのです。

ドングリの落下は秋の一定期間に集中しますが、それでも1~2か月程度の幅があります。アカネズミは、大量のドングリが落下し集中的にドングリを利用する前に、早い時期に落下したドングリを少しずつ食べることによってタンニンに対する馴化を獲得しているのではないかと考えています。

唾液と腸内細菌の秘密

では、アカネズミはどのようなしくみでタンニンに対して馴化しているのでしょうか。

ある種の哺乳類は、タンニンに対する馴化をもたらすようなしくみを持つことが知られています。その一つは「タンニン結合性唾液タンパク質」という生理的なしくみであり、もう一つは「タンナーゼ産生腸内細菌」という微生物のかかわるしくみです。まず、それぞれについて説明しましょう。

ヒトやマウスを含む一部の哺乳類は、唾液中に「タンニン結合性唾液タンパク質」というタンパク質を分泌することが知られています。その名が示すように、タンニンと高い結合能力を持つタンパク質です。この

図4　馴化していれば大丈夫

	生　存	死　亡
馴化アカネズミ	11	1
非馴化アカネズミ	6	8

タンニンに馴化したアカネズミ

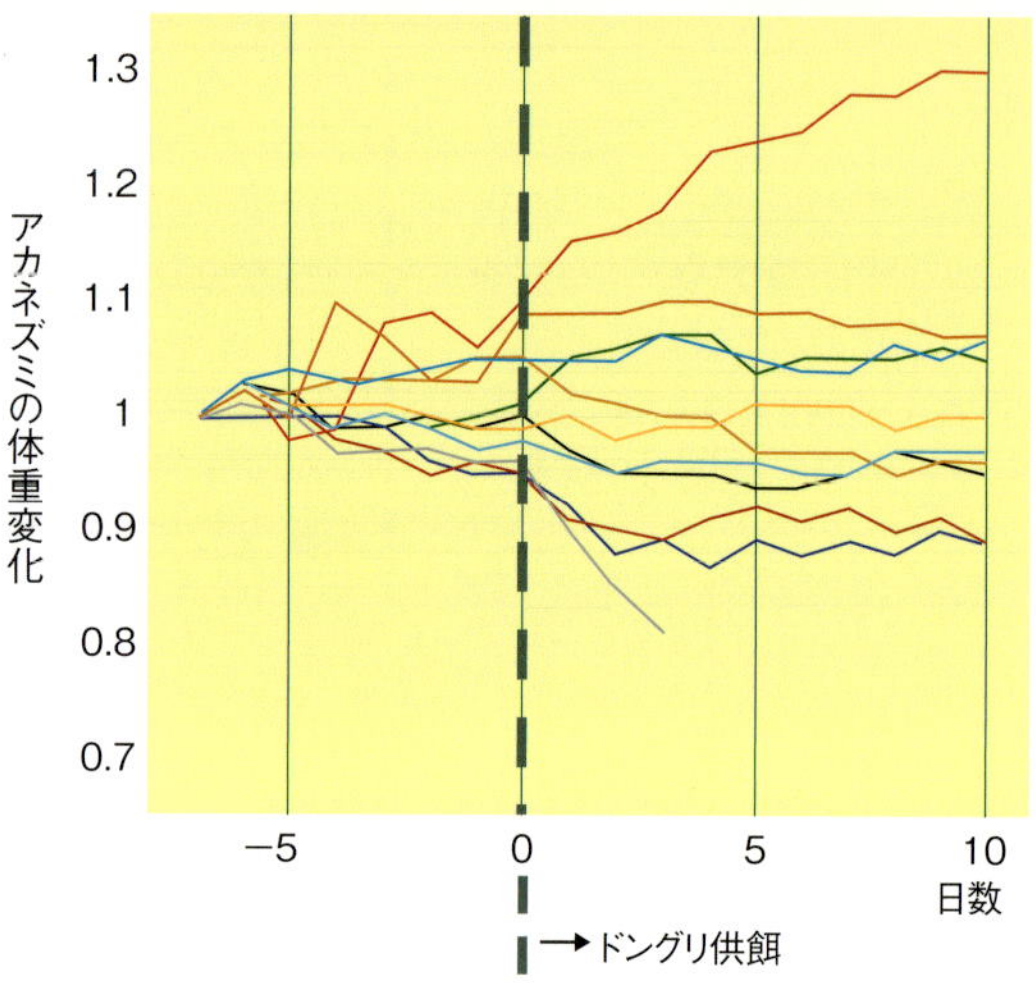

馴化していないアカネズミ

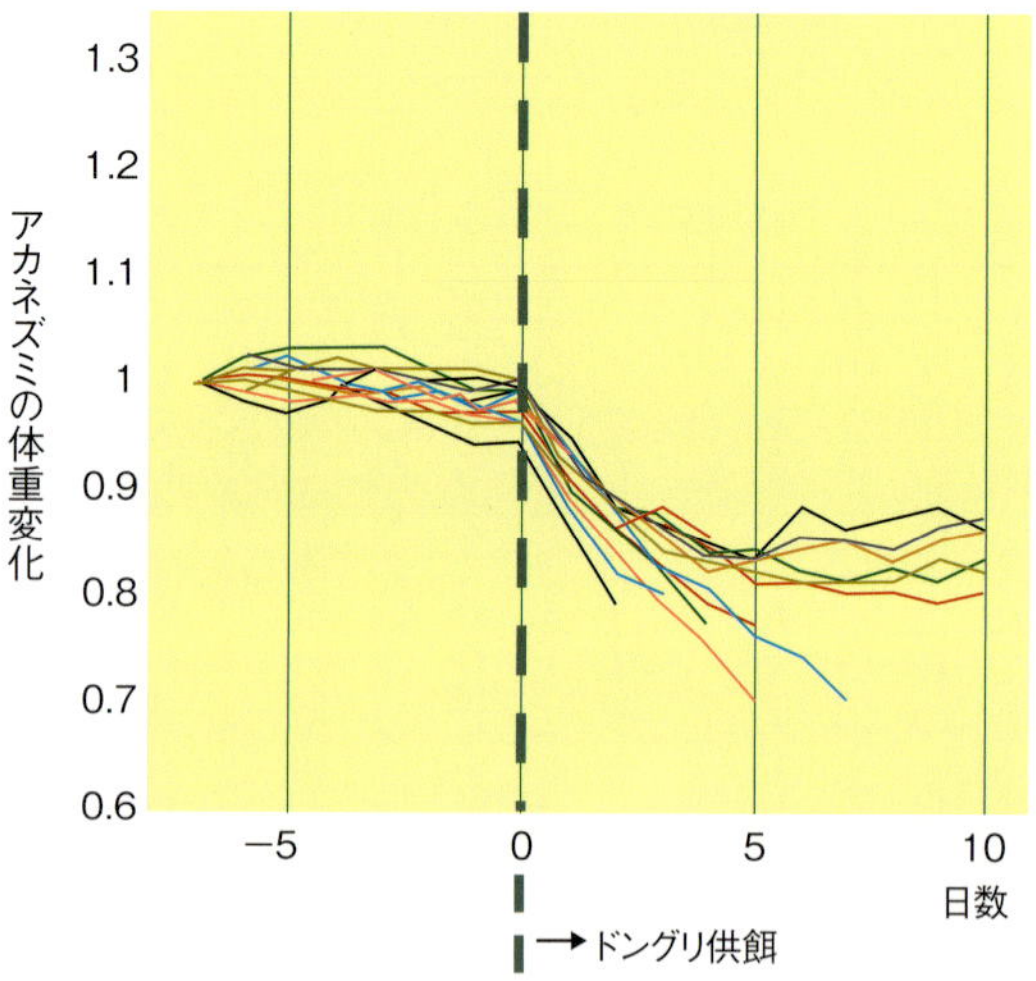

図5　唾液の採取風景

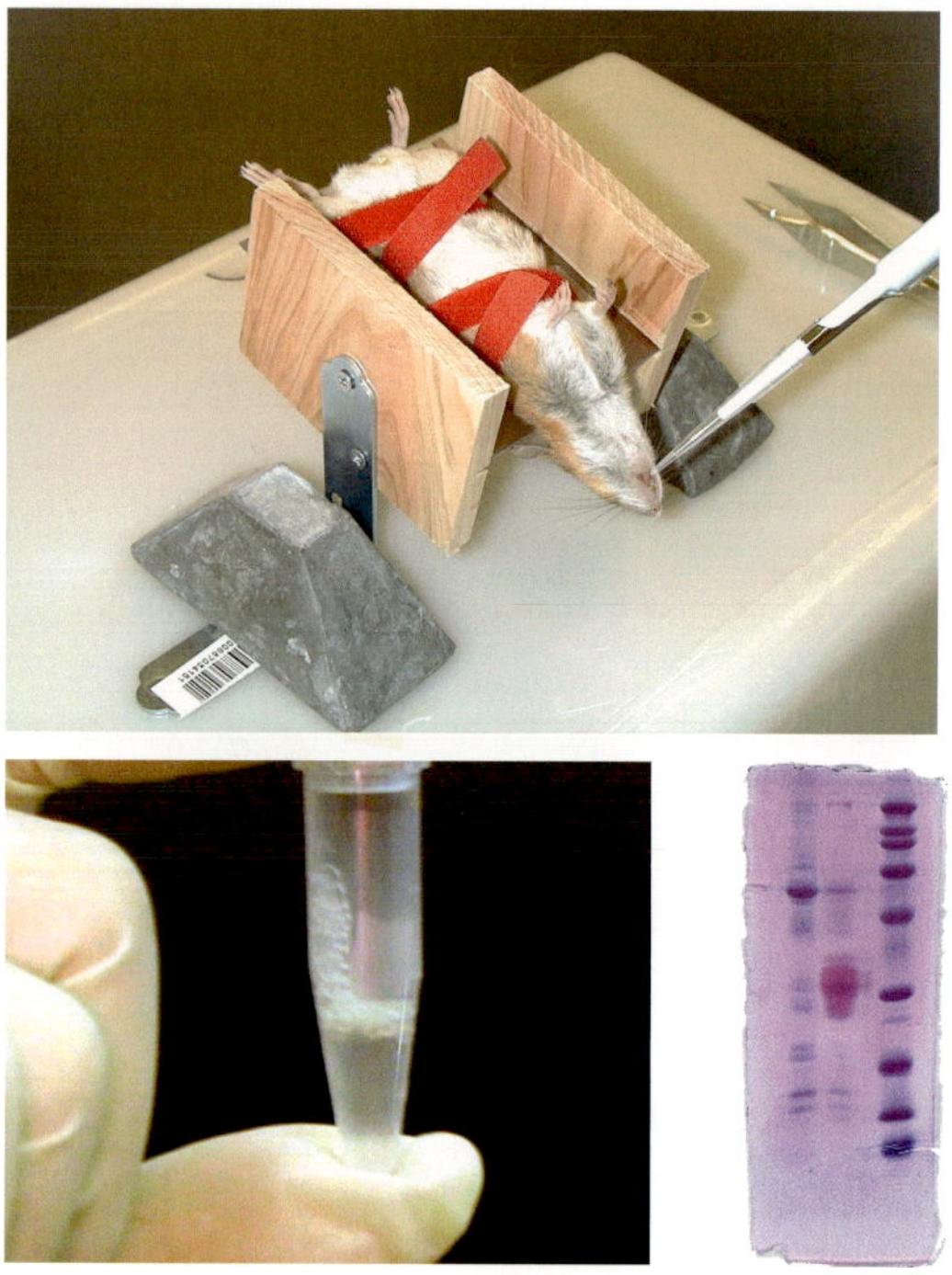

アカネズミがPRPsを分泌することが明らかになった

図6　アカネズミから検出されたタンナーゼ産生細菌

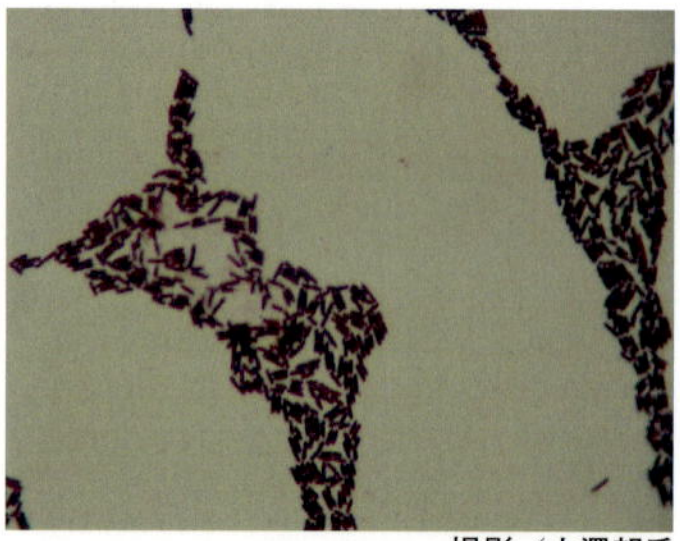

撮影／大澤朗氏

Lactobacillus apodemi　乳酸菌の一種、新記載種

野外で捕獲された全てのアカネズミから検出された

タンパク質は、プロリンというアミノ酸を多く含んでいるため、プロリンリッチプロテイン（ＰＲＰｓ）と呼ばれます。

ＰＲＰｓは、高いタンニン結合能力から、体内ではタンニンに対する防御機能を果たすと考えられています。ＰＲＰｓは口の中で食物中のタンニンとすみやかに結合します。このタンパク質とタンニンの複合体は、分解されにくい安定な物質です。そのため、タンニンが動物体内で起こす有害作用が抑えられることになります。

ＰＲＰｓを分泌するかどうかは、野生動物に関しては今まで十分に調べられていませんでした。アカネズミがＰＲＰｓを分泌するかどうかもわかっていなかったため、図５のような装置を用いてアカネズミから唾液を採取して、分析を行いました。すると、アカネズミは高いレベルでＰＲＰｓを分泌し、しかもタンニンの摂取によってその分泌量が増加することがわかりました。

もう一つのしくみ、タンナーゼ産生細菌（tannase-producing bacteria, TPB）は、ドングリなどに含まれる加水分解性のタンニンを分解する「タンナーゼ」という酵素をつくり出す

図7　アカネズミがタンニンを克服するしくみ

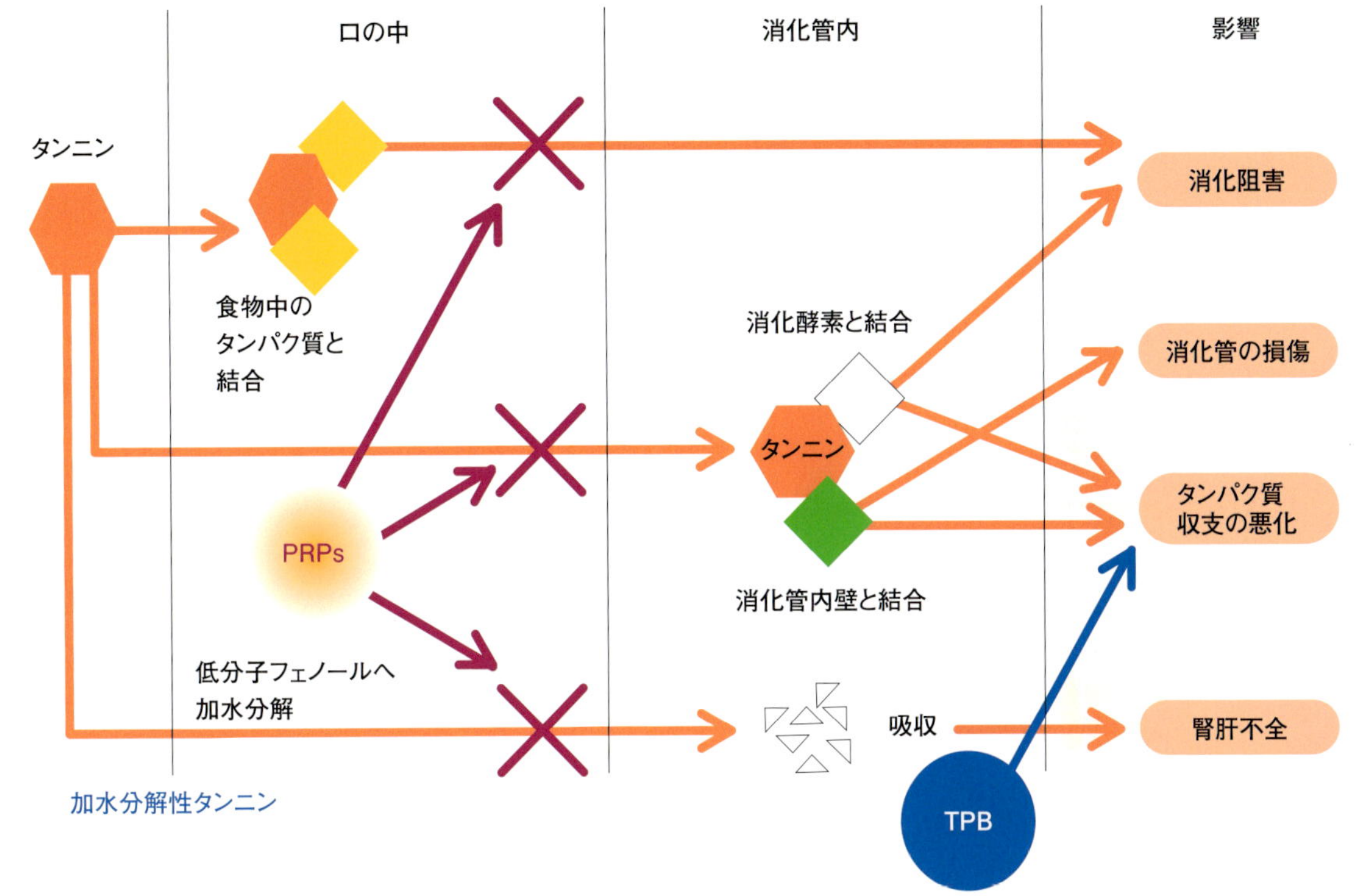

PRPsとTPBがセットで存在することでドングリの効率的な利用が可能となる

能力を持った腸内細菌です。タンナーゼ産生細菌は、タンニンとタンパク質の複合体に作用し、生物が再利用可能な形に分解する機能を持っていると考えられています。先に述べたように、タンパク質がタンニンと結合したまま排泄されてしまうと体内のタンパク質収支が悪化してしまうのですが、腸内細菌のはたらきによりタンパク質を再利用することができれば、この問題は解消されるのです。実際にコアラでは、こうした腸内細菌のはたらきによって、タンニンに富むユーカリの葉を消化し、利用していることが解明されています。アカネズミもタンナーゼ産生細菌をもっているのではないでしょうか。

　私たちは、神戸大学大学院農学研究科教授の大澤朗《おおさわろう》さんの協力を得て、アカネズミの糞から2タイプのタンナーゼ産生細菌を分離することに成功しました。一つは連鎖球菌の一種、もう一つは新種の乳酸菌（後に、アカネズミの属名*Apodemus*にちなんで、*Lactobacillus apodemi*として命名されました）であることがわかりました。

　このように、アカネズミはタンニンに対する馴化をもたらすしくみを二つとももつことが明らかになりました。そこで、PRPsとタンナーゼ産生細菌の効果を検証するために、先程のドングリ供餌実験で得られたデータを、どの事項とどの事項に強い関係があるかを調べるための「パス解析」という数学的な手法を用いて解析しました。その結果、アカネズミでは、PRPsを多く分泌し乳酸菌タイプのタンナーゼ産生細菌を腸内に多く保有する個体ほど、ドングリの摂食によって体重が増加する傾向にあり、消化率や摂食量といった消化機能も高い状態であることが明らかになりました。つまり、そのような個体はタンニンに対して十分に馴化していたのです。ちなみに、連鎖球菌タイプのタンナーゼ産生細菌では、このような関係はみとめられませんでした。

　これらの結果から、アカネズミは以下のような2段階のしくみでタンニンを克服しているのだと考えられます。

　第一に、摂取されたドングリのタンニンは、アカネズミの口の中でタンニン結合性唾液タンパク質と結合し、分解されにくい複合体となります。その結果、タンニンは機能を失い、アカネズミは消化管の損傷や臓器不全

図8　野ネズミの個体数変動とドングリ生産量（Saitoh et al., 2007）

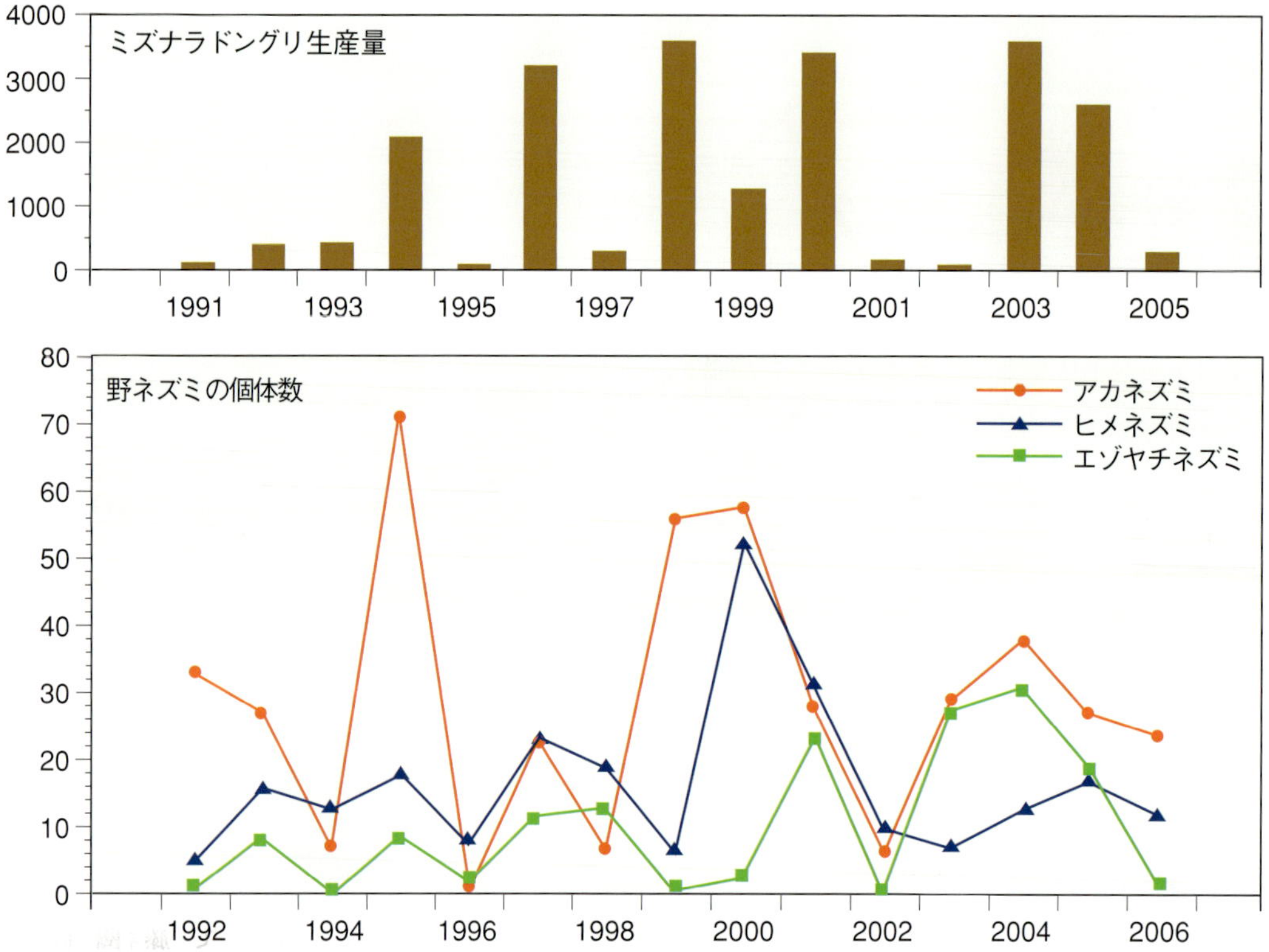

アカネズミ

ヒメネズミ

エゾヤチネズミ

タンニンに対する耐性の種間差が原因?

個体数変動ードングリの豊凶と一致 ⟷ 個体数変動ードングリの豊凶と一致しない

タンニンへの耐性あり　　**タンニンへの耐性?**

といったダメージを受けなくなります。そこで、タンニンとの複合体がそのまま排泄されてしまうと、タンニン結合性タンパク質自体がタンパク質であるため、体内のタンパク質収支の悪化という問題は残ってしまいます。しかし、第二段階として、乳酸菌タイプのタンナーゼ産生腸内細菌がタンニンとタンパク質の複合体を生物が利用可能な形に分解し、タンパク質収支の悪化を緩和するのです。

このように、タンニン結合性唾液タンパク質とタンナーゼ産生腸内細菌の二つをセットで保有することにより、アカネズミはドングリ中のタンニンを克服し、タンニンを多く含むドングリであっても効率よく利用できるのだと考えられます。

ドングリの豊凶と野ネズミ3種の個体数変動

ここまで、ドングリと野ネズミとの関係について、アカネズミを例にして紹介してきました。アカネズミは、タンニンを克服する能力（タンニンに対する耐性）をもつために、タンニンを多量に含むドングリも効

撮影／高橋明子氏

果的に利用できることが明らかになりました。では、他の種類の野ネズミではどうなのでしょうか？　共同研究者である北海道大学北方生物圏フィールド科学センター教授の齊藤《さいとう》隆《たかし》さんらの研究に基づいて、考えてみたいと思います。

北海道大学雨竜演習林では、１９９２年から、ミズナラのドングリの実り（生産量）と野ネズミの生息個体数の調査を継続して行っています。齊藤隆さんらは、15年分のデータを用いて、ドングリ生産量と野ネズミの個体数との関係を調べました。

ミズナラのドングリ生産量には、図8のように年によって大きな変動があります。それに対して野ネズミの個体数はどのように変化しているでしょうか。ドングリは秋から冬の食料となるので、ドングリ生産量の影響は翌年の野ネズミの個体数に反映されると予測されます。そこで、ある年のドングリ生産量が翌年の野ネズミ個体数に影響するかどうかに注目しました。例えば、１９９４年にはドングリが豊作になり、翌年にはアカネズミの個体数も増加しています。このようにして見ていくと、アカネズミの個体数変動とミズナラのドングリの豊凶とは良く一致していることがわかりました。ドングリが豊作だと、その翌年アカネズミも増加する傾向があるのです。

この調査地には、アカネズミのほかに、ヒメネズミとエゾヤチネズミの2種類の野ネズミが生息しています。アカネズミと同じように調べたところ、ヒメネズミ、エゾヤチネズミではアカネズミのようなはっきりとしたドングリ生産量との関係はみとめられませんでした。

なぜこのような違いがあるのでしょうか。私たちは、この個体数変動の違いは野ネズミ3種のタンニン耐性の違いに基づいているのではないだろうかと考えています。

今まで紹介してきたように、アカネズミはタンニンに対する十分な耐性を備えているために、ドングリを効果的に利用できます。そのため、アカネズミにとって、ドングリの豊作は食料条件の大幅な改善を意味し、翌年の個体数増加を引き起こします。ところが、ヒメネズミやエゾヤチネズミがアカネズミのようなタンニン耐性を持っていなければ、ドングリが豊作であってもせっかくのドングリを効果的に利用することができず、個体数の増加も生じないでしょう。ヒメネズミやエゾヤチネズミのタンニン耐性はまだ解明されていませんが、私たちはこのような仮説に基づいて現在研究を進めているところです。

アカネズミとドングリとの関係は古くから注目され、さまざまな側面から多くの研究が行われてきました。ドングリは野ネズミにとって無害な良いえさであるというのは、半ば常識であったと言っても過言ではありません。しかし、タンニンというフィルターを通してみることによって、今まで知られていなかったドングリと野ネズミの間の、緊張感のある関係を見出すことができました。ここに紹介してきたアカネズミとドングリとの関係は、生き物の世界には私たちの思いこみをくつがえす不思議がたくさん隠されていることの一例となるのではないでしょうか。

著者略歴

島田卓哉（しまだ たくや）
（独）森林総合研究所東北支所生物多様性研究グループ主任研究員。哺乳類の生態学、特に動物と植物との相互作用が専門。'99年から続けている野ネズミとドングリとの研究では、今も新しい発見に心躍らせている。

生物間の相互作用と森の昆虫のダイナミックス

東京大学農学生命科学研究科附属演習林
鎌田 直人

**雨のような音をたてて虫の糞が降ってくる。
葉は食い尽くされ、森は丸坊主になる。
夏なのに、ブナの森の山肌が茶色に変色する。
蛾の幼虫が、地表を覆うほど死んでいる。
これほどの虫は、いったいどこからわいてきたのだろう？**

時折、昆虫は大発生する。ブナアオシャチホコという蛾の仲間が大発生した森の様子。

虫は「わく」のだろうか？

森林には非常にたくさんの生きものが暮らしています。昆虫・哺乳類・鳥といった動物、そして多くの植物や菌類が、お互いに影響を及ぼし合いながら生活し、全体としてバランスが保たれています。このようなシステムのことを「生態系」と呼びます。ただし、バランスがとれているといっても、変化がないわけではありません。

秋でもないのに、緑深い林が赤や茶色に変わってしまう。「あれっ、どうしたんだろう？」と不思議に思っていると、いつのまにかもとの緑に戻っていた。こんな経験はありませんか？ これは葉食性害虫のしわざです。日本では、カラマツや各種の広葉樹を食べるマイマイガ、マツ類

図１　ブナアオシャチホコ成虫の個体数変動

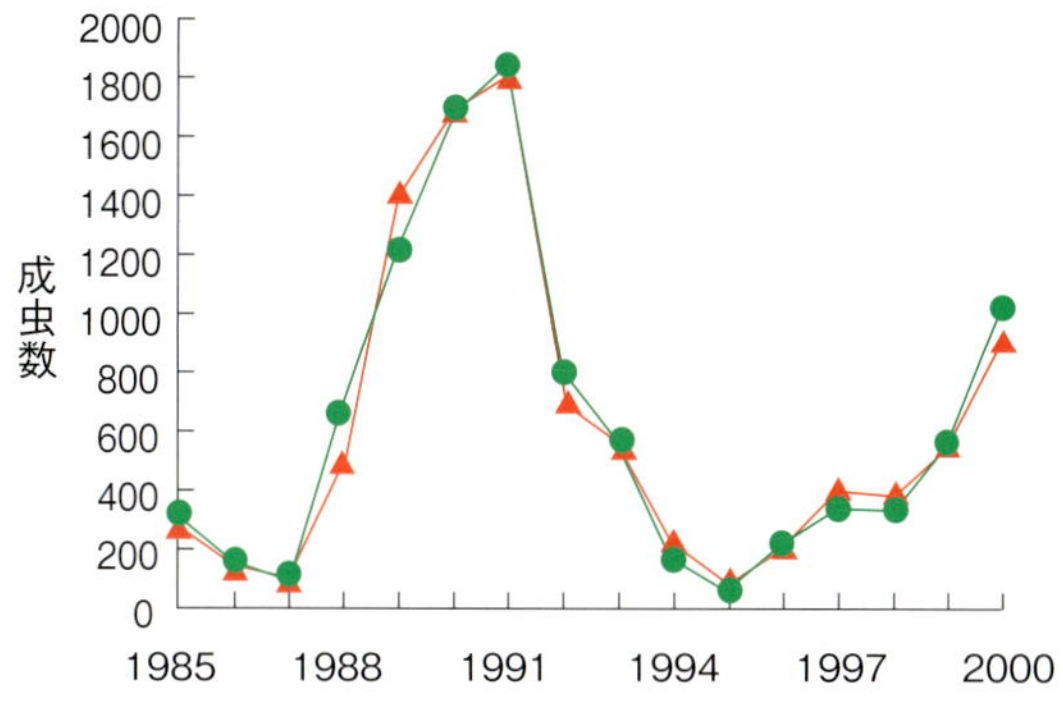

ブナアオシャチホコは、数年かけて徐々に増え、また数年かけて減少していた。虫は決して突然どこからかわいてくるものではない。

出典：鎌田直人 2004 ブナの葉食性昆虫ブナアオシャチホコの場所依存的大発生 月刊海洋 36 (10): 726-732.

を食べるマツカレハやツガカレハ、ブナを食べるブナアオシャチホコなどが、広い地域にわたってしばしば大発生し、このような現象を引き起こすことが知られています。

　これらの昆虫では、１頭の雌が数十から数百、種によっては１０００以上の卵を産みます。それらの卵や、卵からかえった幼虫がまったく死なずに成虫になって繁殖するとしたら、昆虫の数は爆発的に増えてしまい、またたくまに大発生するはずです。しかし、大発生はまれにしか起こりません。生まれた卵のほとんどが、成虫になって繁殖を始める前に死んでしまうからです。

　最初に、森林にはたくさんの生きものが生活していると述べました。それらのなかには、昆虫を餌にしている鳥や哺乳類、肉食性の昆虫といった動物や、昆虫に病気を引き起こす微生物などもいます。昆虫の餌になる植物の方も、ただ一方的に食べられているものばかりではありません。植物がつくる防御物質によって死ぬ幼虫もいます。これらさまざまな要因によって、たくさん生まれた昆虫もその多くが死亡してしまいます。しかし、それならなぜ、まれにとはいえ大発生が起こるのでしょう？よく「虫がわく」と言いますが、虫は本当に「突然どこかからわいてくる」ものなのでしょうか？

　私たちはそんな単純な疑問を解決するために、ブナアオシャチホコの調査を20年以上続けています。その結果、ブナアオシャチホコの密度は、約10年の周期で規則的に増減をくりかえしていることがわかりました。ブナアオシャチホコの数は、ピークのあとは減少を続け、そのあと増加に転じ、また数年かけてピークまで増加していました。決して突然わいてくるものではなかったのです。

　生態学の一分野に、個体群生態学というものがあります。英語で言えばpopulation ecology（ポピュレーション・エコロジー）です。ecologyは「生態学」という意味です。一方populationという単語を英和辞典で調べると、一番最初に出てくる訳はたいてい「人口」でしょう。人口とは人間の「数」のことです。つまりpopulation ecologyとは、生物の数の変化とそのしくみを研究する学問です。「ブナアオシャチホコはなぜ大発生するのだろう」という疑問は、まさにこの個体群生態学の研究対象です。ここでは、このブナアオシャチホコの大発生を例に、森林という生態系のなかで、昆虫の数がどのようなしくみで変化しているのかを紹介します。

ブナアオシャチホコ大発生の森で

ブナアオシャチホコの一生

　ブナアオシャチホコは、幼虫がブナ・イヌブナの葉を食べる中型の蛾で、北海道南部から九州まで生息しています。完全変態をする昆虫なので、卵、幼虫、さなぎ、成虫の順に発育します。落葉層の下で冬を越したさなぎは、春、ブナの葉が開き終わった6月ころに羽化して成虫になります。この成虫が卵を産みます。

　ブナアオシャチホコの雌は、１頭で３００～４００個の卵を産みます。ブナの葉の裏側に数十ずつかたまって産卵された卵は、10日くらいでふ化して幼虫になります。卵の大きさは直径わずか1ミリメートル程度で、ふ化したばかりの1齢幼虫の体長はわずか2ミリメートルほどに過ぎません。それが、30～50日くらいの幼虫期間の間に、ブナやイヌブナの葉

表 1　世代別の個体数・生存率

世代	個体数	雌の数	産卵数	生存率(%)	生存数	密度(平米)
1	2	1	300	3.5	10	0.017
2	10	5	1,500	3.5	52	0.083
3	52	26	7,800	3.5	273	0.433
4	273	137	40,950	3.5	1,433	2.275
5	1,433	717	214,950	3.5	7,523	11.942
6	7,523	3,762	1,128,450	3.5	39,495	62.692
7	39,495	19,748	5,924,250	3.5	207,348	329.125
8	207,348	103,674	31,102,200	3.5	1,088,577	1,727.900
9	1,088,577	544,289	163,286,550	3.5	5,715,029	9,071.475
10	5,715,029	2,857,515	857,254,350	3.5	30,003,902	47,625.242

1 頭の雌が 300 個の卵を産み、そのうちの 3.5%が次世代の親になると仮定すると,「目立つ」状態になるまで増えるには 6 世代しかかからない。

を食べて成長しながら脱皮をくりかえし、さなぎになる直前の終齢幼虫のときまでに、体長4センチメートルほどにもなります。体長でふ化したときの20倍、体重では10万倍近くにも成長しているため、食べる葉の量もこのころが最も多く、幼虫期間の摂食量全体の9割弱を占めます。この大食いの終齢幼虫が出現するのは7月下旬から8月中旬なので、葉が丸坊主になる被害もこのころに発生します。被害地は、標高差約200メートルの帯状に広がります。1地域での被害面積は数百~数千ヘクタールにおよび、ときには1万ヘクタールを超えます。その発生規模は日本の森林葉食性害虫の中でも最大級のものです。

そもそも、虫は増える

しかし、なぜブナアオシャチホコはそんなに増えるのでしょう。ブナアオシャチホコの雌は、1頭で300~400の卵を産みますが、産卵された卵はその時点から死の危機にさらされます。卵や幼虫に寄生するハチのなかまや、捕食者であるクロカタビロオサムシやクモなどの天敵に攻撃されるほかにも、雨や風によって餌にありつけなくなって、幼虫期の前半までにおよそ90%の個体が死亡してしまいます。大きくなった幼虫は鳥類の格好の餌となりますし、土中にもぐってさなぎになると、ネズミ類が好んで食べるようになります。このような死亡要因がはたらくことによって、通常は大発生といわれるよりもはるかに低い密度に抑えられています。しかしそれでも、ブナアオシャチホコは増えるのです。

個体群生態学では、生きものの数を、ふつう「密度」でとらえます。密度というのは、一定の面積のなかに対象とする生きものが何個体いるかを示すものです。表1は、1個体の雌が300個の卵を産み、そのうちの3・5%が次世代の親になるまで成長すると考えた場合、世代ごとの親の密度がどうなっていくかを計算したものです。

ブナアオシャチホコの場合、最も少なかった年の終齢幼虫の密度は、1平方メートルあたり0・017個体でした。これが1平方メートルあたり60個体くらいになると、食べられた葉が目立つようになります。表1に示した例では、1ペアの両親からここまで増えるのに5世代もかかっています。密度が1平方メートルあたり150頭以上になると、ブナの葉はまったくなくなってしまいますが、食べられた葉が「目立つ」ようになると、次の世代には、計算上は大発生のときを超えるほどの密度になるわけです。このように、生き残る割合は変わっていないのに、あるとき急に大きく増えることがわかります。

しかし、ブナアオシャチホコは永遠に増え続けるわけではなく、大発生の後わずか数年で、密度は大発生のときの1万分の1にまで減ってしまいます。これほど増えるブナアオシャチホコが、どうして減っていくのでしょうか。

どうやって減るのか

食べるものたち

——鳥、肉食性昆虫

森に暮らしているのはブナアオ

写真1　鳥類の捕食

シジュウカラなどのカラ類は、ブナアオシャチホコが平常密度のときにも幼虫の重要な捕食者となっている。

ふだんはあまりブナアオシャチホコを食べないカラスやエナガなども、大発生すると、集団でブナアオシャチホコの幼虫を捕食する。

写真2　クロカタビロオサムシの捕食

甲虫のクロカタビロオサムシは、ブナアオシャチホコが大発生すると密度が増加して重要な天敵としてはたらく。

シャチホコとそのえさになるブナだけではありません。ブナアオシャチホコを食べる天敵もたくさんいます。かれらから見たら、大発生はえさが大量にある状態ということになります。野生動物にとってえさ探しは簡単なことではありませんが、わざわざ探さなくてもえさがそこにある、という状態になるわけです。すると、ふだんはブナアオシャチホコをほとんど食べていない天敵までが活躍するようになります。

たとえばハシブトカラスやエナガなどの鳥類が集まってきて幼虫をとらえます。カラスは雑食性で、昆虫類を含めた動物質のえさは、ふだんは全体の10～20％程度です。ところが、大発生したときのえさを調べると、ほとんどすべてがブナアオシャチホコの幼虫でした。計算によると1羽のカラスは1日に2000頭の幼虫を食べます。大発生のときの密度は1平方メートルあたり150頭ですから、カラス1羽が1日で10平方メートル以上に生息するブナアオシャチホコ終齢幼虫をたいらげることになります。

しかし、これらの天敵の場合、ブナアオシャチホコが増えても、天敵自体の数はあまり変化しません。このような場合、かれらが幼虫を減らす作用はあまり大きくありません。逆に、ブナアオシャチホコが増えると同じように増える天敵は、幼虫の数を減らすのに大きな効果をもちます。このように、えさとなる生きものが増えたことに反応して捕食者が増えることを「数の反応」といいます。そして実際に、数の反応を示す天敵も見つかりました。

ブナアオシャチホコが増えると、ふだんはほとんどみることができないクロカタビロオサムシという昆虫も増加します。クロカタビロオサムシは体長4センチメートル程度の中型の甲虫です。成虫は樹上や地上でブナアオシャチホコの幼虫を食べ、幼虫は地上に落下した幼虫やさなぎを食べます。クロカタビロオサムシは飛ぶことができ、ブナアオシャチホコの密度の高いところに集まってきます。そのため、クロカタビロオサムシは、大発生したブナアオシャチホコの密度を引き下げるうえで重要な役割を果たします。さらに、えさが豊富にあるために、そのような場所で繁殖率が高くなることが、クロカタビロオサムシが数の反応を示

写真３　ブナアオシャチホコの死亡要因

サナギタケ／*Cordyceps militaris*

撮影／山家俊雄

カイコノクロウジバエ／*Pales pavida*

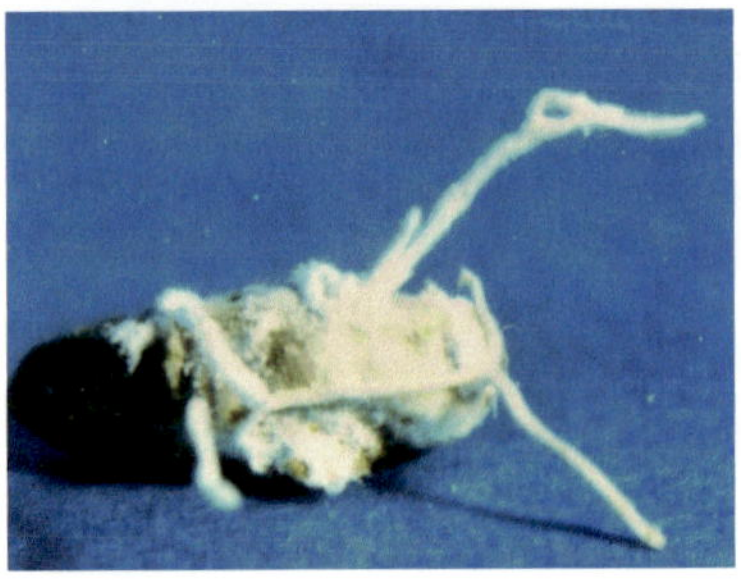

コナサナギタケ／*Paecilimyces farinosus*

撮影／佐藤大樹

赤きょう病／*P. fumosoroseus*

寄生蜂／*Europhus larvarum*

す原因です。

たかるものたち
——寄生性昆虫、かび、きのこ

　ブナの葉が食いつくされるころ、ブナ林の地面にはたくさんのブナアオシャチホコ幼虫の死体が散乱します。以前は、餌不足のために餓死したものと考えられていました。しかし、最近の研究の結果、実際に餓えて死んだものは数%にすぎず、残りは寄生バエや寄生蜂の捕食寄生者といった天敵や、菌類（かびやきのこのなかま）、バクテリアやウィルスといった、昆虫に病気を引き起こす微生物に寄生されて死亡していることがわかりました。捕食寄生者には、カイコノクロウジバエとブランコヤドリバエという寄生バエや、ヒメコバチ科の寄生蜂がいます。病気を引き起こす菌類には、サナギタケ、コナサナギタケや赤きょう病、白きょう病などが記録されています。

　ブナアオシャチホコの密度の高いところでは、大発生の翌年の夏には冬虫夏草の一種であるサナギタケも大発生します。冬虫夏草とは、昆虫に菌類が寄生して子実体（いわゆる「きのこ」）が発生したものです。この冬虫夏草の子実体が大発生することはめずらしいことなのですが、サナギタケは別のようで、多いところでは1平方メートルあたり30本以上もの子実体が発生します。ブナアオシャチホコの大発生を終わらせる最大の要因は、このサナギタケでした。実に90%以上のさなぎがサナギタケの寄生によって死亡していたのです。

食べられるもの
——ブナの防衛反応

　食べられる側のブナも無抵抗なわけではありません。植物は、堅い葉、とげや毛、またさまざまな化学物質を使って植食者に対して防御を行っています。

　樹木の葉は、つく位置によってその性質が大きく異なります。樹木は、日当たりの良い位置には陽葉、悪い位置には陰葉をつけます。陰葉というのは、弱い光の下でも光合成により炭水化物をつくる能力が高い葉です。逆に陽葉は、強い光のもとで高い光合成能力を持ちますが、弱い光では呼吸によって失われるエネルギーの方が大きくなって、「赤字」を出してしまいます。また陰葉は薄くてやわらかく、単位葉面積あたりの窒素含有量が低いという特徴があります。窒素は生きものが体をつくるうえでなくてはならない物質ですから、陰葉は単位面積あたりでは栄養価が低いということになります。しかしブナの場合、単位重量あたりで比べると、陽葉よりも窒素含有率は高くなります。さらに防御物質であるタンニン（あくやしぶの成分）が少ないため、葉を食べる動物にとってブナの陰葉はよい餌といえます。

ブナアオシャチホコは陰葉を好むため、密度が高くなると、最初に日当たりの悪い場所にある比較的背の低い木が丸坊主になります。大発生の年でも、まず丸坊主にされるのはこのような木なのです。そのあと大きな林冠木の葉が減っていくのですが、まずあまり日の当たらない樹冠下部にある葉が食われ、直射日光の当たる位置にある葉は最後まで残ります。ブナアオシャチホコの密度が低いときには主に陰葉を食べていますが、大発生して陰葉がなくなると餌として条件の悪い陽葉まで食べざるをえなくなるわけです。そのため栄養状態が悪くなって成長も低下し、死亡率も上昇します。

もし大発生でえさ不足が起こらなければ、ブナアオシャチホコは栄養価も低く自分の体にもよくない陽葉を食べる必要はありません。自分たちの密度が高くなったため、そのような葉を食べなければならなくなったのです。このように、密度が高くなると死亡率が高くなるような死亡要因を、「密度依存的な死亡要因」と呼びます。先に述べたクロカタビロオサムシも、ブナアオシャチホコの密度が高くなってくると集まってきて幼虫の死亡率を上げるので、密度依存的な死亡要因の一つです。密度依存的な死亡要因は、対象種が大発生したときに有効にはたらきます。

なぜ戻らないのか

——「時間遅れ」の効果

このように、ブナアオシャチホコの大発生は、森林でくらすさまざまな生きものの力によって終息します。しかし、大発生した幼虫がすべて死に絶えるわけではありません。だとしたら、低い密度の状態からだんだん増えていったときと同じしくみで、再び増えていくはずです。しかし実際には、密度は毎年徐々に減っていきます。

大発生に遭ったブナは、翌年になると葉の栄養価を下げたり、防御物質であるタンニンを増やしたりします。すると、ブナの葉はブナアオシャチホコにとって不適なえさになります。これは、今大発生している幼虫の密度を下げることには間に合いません。でも、大発生の翌年に羽化する成虫が産んだ卵からかえった幼虫を死亡させたり、成長を悪くしたりするうえでは効果があります。

大発生の年の幼虫やさなぎの死亡率は普通の状態の年よりはるかに高くなりますが、そもそも密度は1万倍近くにもなっていたのですから、あらわれる成虫の数も多いのです。ですからいくら栄養状態の悪化で産卵数が少なくなったとはいえ、低密度の年に比べれば、森全体では卵の数は大幅に増えているはずです。しかし、そこからかえった子どもの成長が悪くなったり死亡率が高くなったりすれば、さらにその次世代の卵の数はさらに少なくなります。ブナが丸坊主になるような大発生が起こると、ブナの反応が失われるまでに数年間かかります。ブナアオシャチ

ホコの子どもの数を抑えていくしくみが、しばらくはたらき続けるのです。このように、死亡率がブナアオシャチホコの密度を後追いするように変化する場合、後追いの時間差のことを「時間遅れ」とよびます。

大発生を収束させるかぎになるサナギタケにも、時間遅れの効果が見られます。大発生後数年間はサナギタケにより高い死亡率が続くのです。子実体は、菌類にとって花のような役割をもちます。花がたくさんの種子をつけて次の世代を増やすように、菌類の子実体もたくさんの胞子をつくります。したがって、ブナアオシャチホコが大発生した次の年に子実体がたくさん発生すれば、それだけ多くの胞子が散布され、サナギタケに感染して死亡するさなぎの割合も多くなります。サナギタケによって死亡するブナアオシャチホコは、数では大発生の年の方が多いのですが、死亡率では大発生の翌年の方が高くなります。このようなしくみで、サナギタケも、時間遅れをもつ密度依存的な死亡要因としてはたらきます。

「時間遅れ」が周期をつくる

このように、大発生のあと、しばらくは死亡要因が強くはたらき、数年間は密度の減少が続きます。減少すると少しずつ死亡要因のはたらきが弱くなり、あるところからブナアオシャチホコの密度は増加に転じます。

実は、ブナアオシャチホコが増えるときにも「時間遅れ」の効果ははたらいています。先ほどの表では生存率を一定として計算していますが、実際には死亡率は少しずつ下がっていきます。実際には、第3世代目あたりで生存率は最も高くなるのです。

こうしてブナアオシャチホコがある密度まで増加すると、再び死亡要因のはたらきは強くなっていきます。大発生を定期的に繰り返す周期的な密度変動は、森林にくらすさまざまな生きものの活動がさまざまに絡み合うことによって生まれる効果によってつくり出されていたのです。

侵入者がバランスを崩す

このように、森林の生物はたがいに影響を及ぼしながら共存しています。森林に生息する昆虫は、天敵や寄生生物のはたらきによって、通常は大発生といわれるよりもはるかに低い密度で変動しています。また、たまに大発生してもそれが延々と続くことはなく、しばらくするともとの状態に戻っていきます。このような作用のことを、「生態系の自己調節作用」といいます。このような生態系は、強風による倒木といったアクシデントに遭っても、昆虫が大発生しても、もとに復元する力を備えています。これは、非常に長い歳月をかけた進化の結果としてつくり上げられたものなのです。

しかし、このような生態系に新しい「侵入者」が侵入すると、共存関係や生態系のバランスが崩れることがあります。

マツの材線虫病

第2次大戦前後から西日本を中心に発生してきた激害型のマツ枯れの

図２　東北地方におけるマツ材線虫病の拡大

マツ材線虫病（マツ枯れ）はわずか半世紀で広がり、現在も毎年多くのマツが枯れ続けている。このような壊滅的な被害が起こったのは、病原体のマツノザイセンチュウが北米からの侵入生物だったため、日本のマツがこの線虫に対する抵抗性を持っていなかったことによる。

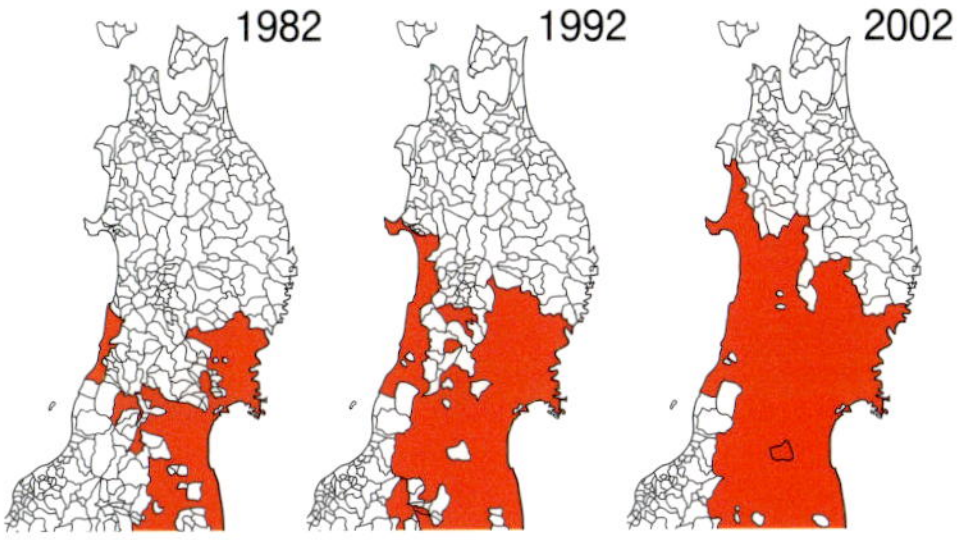

日本や東アジア諸国では、これらの連合軍によってマツが大量に枯れている。日本では、被害もどんどん北へ広がっている。

写真４

マツノマダラカミキリ（媒介昆虫）

体長3cmほどのカミキリムシの一種で、健全なマツへマツノザイセンチュウを運ぶ。

マツノザイセンチュウ（病原体）

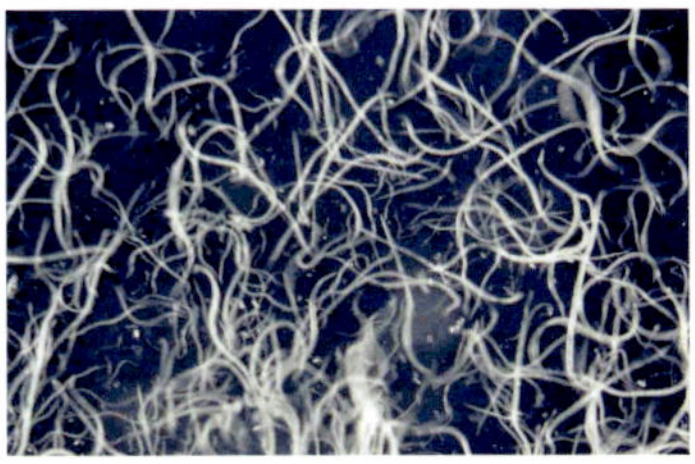

長さ1mm足らずの小さな線虫がマツの材内に侵入して爆発的に増殖し、マツは水を吸い上げられなくなることなどにより枯れてしまう。

原因が、線虫の一種であるマツノザイセンチュウであることが突き止められたのは1972年のことでした。このマツの材線虫病は、第2次世界大戦後、約半世紀のうちに被害地が急速に広がり、しかも集団的に大量にマツ枯れを引き起こしています。特に、気温が高い西日本では、松林に侵入して2～3年後にはマツが全滅してしまうほどの猛烈さでした。現在もとどまるところを知らず、毎年被害が発生して多くのマツが枯れています。しかし、マツノザイセンチュウがもともといた北米原産のマツは、それらの多くが材線虫に対して抵抗性を持っていて、日本や東アジア諸国でみられるような激害型のマツ枯れは発生していません。日本や東アジア諸国でマツ枯れが大流行しているのは、マツノザイセンチュウがこれらの場所には生息していなかった外来種であり、マツがマツノザイセンチュウに対して抵抗性を持っていないことが原因です。

マツの材線虫病は、病原体であるマツノザイセンチュウが、媒介者であるマツノマダラカミキリという甲虫によって媒介される伝染病です。マツノマダラカミキリの幼虫は健全なマツではヤニにまかれて死んでしまいます。マツノザイセンチュウが日本に入ってくるまでは、マツノマダラカミキリは太い枯れ枝や自然に発生した枯れ木を利用して、細々と生活していました。利用できる衰弱マツが限られていたため、個体数が増えなかったのです。そのため、以前は昆虫愛好家の間でも、「珍品」として扱われることが多かったのです。しかし、自分たちで媒介したマツノザイセンチュウがマツを弱らせることによって、幼虫が利用できる弱ったマツが少ないという制限もなくなり、あっというまにマツ林の主要昆虫にのしあがりました。

マツノマダラカミキリとマツノザイセンチュウの間には、短期間のうちに相利共生の関係ができあがり、恐ろしい流行型の伝染病となったのです。マツにしてみれば、たまったものではありません。しかし、長い目でみれば、これはマツノマダラカミキリにとっても決して好ましい状況ではありません。このように強い殺傷力をもった伝染病があれば、日本のマツは全滅してしまうか、あるいは非常に長い時間をかけて抵抗性をもったマツが自然選抜されて残る

写真５　市町村単位のナラ枯れ発生地（2006）
ナラ枯れが発生した富山県南砺市の山林。山肌に木が枯れて赤くなった部分が広がっている。

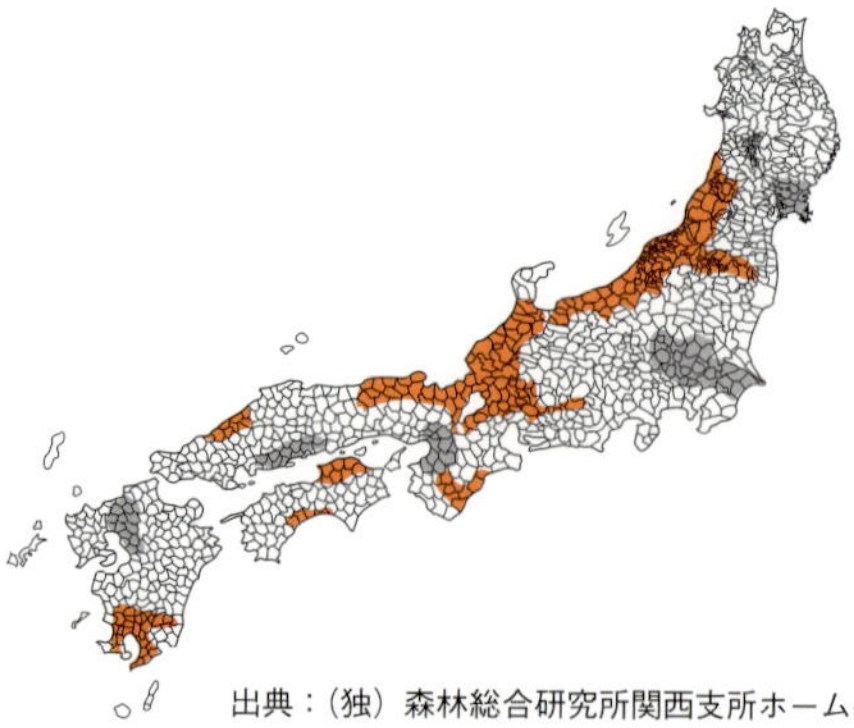

図３　市町村単位のナラ枯れ発生地（2006年末）

出典：（独）森林総合研究所関西支所ホームページ

かのいずれでしょう。そうなれば、マツノマダラカミキリの幼虫が育つ場所は、マツノザイセンチュウが侵入する前よりも少なくなり、かれらも個体数が少なくなってしまうかもしれないからです。

ナラ枯れ

　近年、もう一つ、日本の森林で破壊的な被害を与えているものに、「ナラ枯れ」があります。これは、カシノナガキクイムシという体長5ミリメートルほどの甲虫が運ぶ通称「ナラ菌」と呼ばれる菌によって引き起こされる伝染病です。樹種によって死亡率は違いますが、ミズナラではカシノナガキクイムシに攻撃された木のおよそ半分が枯れてしまいます。

　カシノナガキクイムシは、「木食い虫」という名前がついているのにもかかわらず、実際には木は食べません。その代わりに、菌を「栽培」して食べます。そのためこれらのキクイムシは、「養菌性キクイムシ」と呼ばれます。

　カシノナガキクイムシは、ナラ類やカシ類の樹木の幹トンネルを掘って産卵します。そのときに卵といっしょにアンブロシア菌という菌類の胞子を植え付けます。卵からかえった幼虫は、そこから育った菌の菌糸などを食べて成長し、成虫になるとトンネルを出て産卵場所を探します。雌には胞子貯蔵器官があり、トンネルを出るとき餌となるアンブロシア菌の胞子を運びます。ところが、アンブロシア菌の胞子といっしょにナラ菌の胞子も運んでしまいます。

　養菌性キクイムシのほとんどは、何らかの原因で弱ったか、あるいは倒れたばかりの木や折れて間もない太い枝を利用します。そのため、最近まで、カシノナガキクイムシも衰弱した木しか利用できないと考えられていました。しかし、健全な樹木も利用していることが、最近の研究でわかってきました。

　ナラ枯れは、前年までの被害木から数百メートル離れたところに飛び火的に枯死木が発生し、翌年その枯死木の周辺にたくさんの枯死木が発生するというかたちで広がります。これらは、カシノナガキクイムシが飛んで移動することによって引き起こされるものです。ところが、被害地の拡大スピードははるかに速く、1年で約10キロメートルのスピードで広がっています。これは、カシノナガキクイムシが風や上昇気流に乗って移動することにより引き起こされるものと推測されています。

　ナラ枯れの被害地は1990年代以降拡大を続け、被害量も急激に増加しています。その原因については、「外来種仮説」、「地球温暖化仮説」、「里山放棄（大径木化）仮説」など、いくつかの仮説がありますが、まだよくわかっていません。

森林生態系のバランスを守るために

　もともとの森林には、複雑な生物間の相互作用による自己制御機構がはたらきます。しかし、侵入生物、地球温暖化、森林管理の放棄など、人間によるインパクトの変化は、このような生態系のバランスを崩す可能性を秘めています。移動力や環境適応力が強い昆虫は、バランスを崩す際の先鋒となる可能性も高いのです。

　私がブナ林でトラップに落ちた虫の糞を集めていると、よく観光客や山菜採りの人たちから、「何をしてい

写真６　ナラの集団枯損

1990年ころから、ドングリをつける樹木であるナラ類やカシ類が枯死する「ナラ枯れ」という森林被害が急速に増加・拡大している。これは、カシノナガキクイムシという甲虫が運ぶ菌類によって引き起こされる。

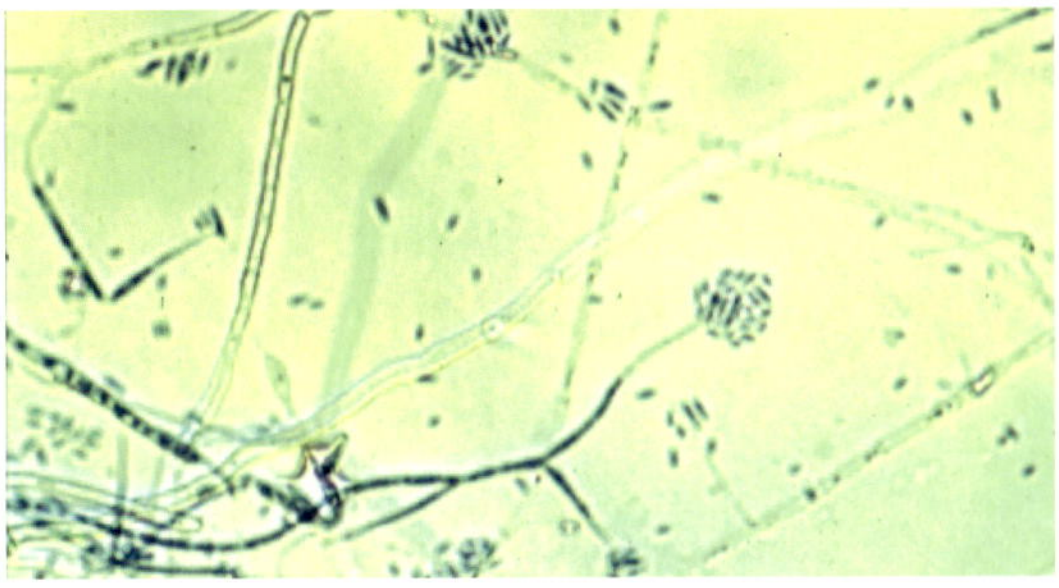

ナラ枯れの原因である"ナラ菌"
撮影／伊藤進一郎

カシノナガキクイムシの成虫

るんですか?」と尋ねられます。私は、「虫のうんちを数えているのです」と答えるようにしています。すると、最初は興味深そうに近づいてきた人たちが、「研究ですか? そんな研究もあるのですね」と、たいがい釈然としない面持ちで立ち去っていきます。

　個体群生態学の第一歩は、数を数えるという単純な作業にあります。「生物学って高価な機械を使ってDNAを調べたり、顕微鏡を覗いたりして研究しているもの」という先入観を持った一般の人たちが、「虫のうんちの数を数えて給料もらっているんだ」と、半ばあきれて立ち去るのも無理はありません（でも銀行員も札束を数えて給料をもらっていますが……）。でも、そんな単純な作業を、長く続けることに意義があるのです。

　長く続けることによって、変動のパターンがわかります。「虫がわく」ということはほとんどないことに気がつくでしょう。次なるステップは、変動のパターンをつくり出しているメカニズムを調べることです。気象の影響を強く受けるものもあるでしょう。でも、多くの場合、生物間の相互作用が複雑に影響しています。個体数を少ない状態に保つ際に重要な要因もあれば、数が増えたときに強くはたらくようになって大発生を終息させるような要因もあります。マツ枯れやナラ枯れのように、大発生が終息しないのは制御がはたらかない異常な状況であるということも、数の変動や変動のメカニズムを調べることで初めてわかるのです。これによって、異常発生が起こったときに、人間が何らかの防除を行う必要があるのか、人間が何もしなくても自然と元の状態に戻っていくのかを予測することができるようになります。

　個体群生態学は、これまでどちらかというと数の多い大発生種や害虫・害獣の問題に応用されてきました。でも、逆に、数の少ない種の保全にも必須のツールです。保全の対象としている種の分布がどういう状態なのか?数の変動は?変動の要因は?これらの個体群生態学のパラメータを調べることで、初めて保全の指針をつくることができるのです。

　「一番単純なことが、一番重要である」。これがまさに個体群生態学の真骨頂なのです。

著者略歴

鎌田直人（かまた なおと）
東京大学農学生命科学研究科附属演習林研究部 田無試験地准教授。森林の昆虫の数の変動のメカニズムを、生物間相互作用の観点から研究している。体力勝負のフィールド生態学者を目指している。

森は「つくれる」のか

～森林の生態系も含めた再生のための林床移植実験からわかったこと～

九州大学大学院理学研究院
矢原　徹一

森の大切さが広く知られるようになった現在、開発などで森を破壊しなければならない場合には、別の場所に代わりをつくる代替措置にコストをかけることにも理解が広がってきた。しかし、数千年もの歴史を経てきた森を、人間の技術でつくりあげることができるのだろうか？　実例を見ながら、私たちにできる「森づくり」を考えてみよう。

　森林は、長い時間をかけてできあがった生態系です。樹木が大きく育つにも、多くの生物がすみつくにも、また植物が分解されて森の土壌がつくられるにも、少なくとも50年、実際にはもっと長い時間がかかります。たとえば屋久島のスギ天然林には、樹齢が１０００年をこえる樹木がしばしば見られます。私たちの寿命よ

写真1　移転予定地の里山の森の生物。カスミサンショウオ（左）とハンゲショウ（右）。
里山には森に接して水辺があり、多様な生き物たちが暮らしている。

りもずっと長い年月をかけてできあがった生態系。それが森林です。

その森林を利用して、人類の文明は発展してきました。古代文明が発展したことで有名な4つの地域、エジプト、メソポタミア、インド、中国では、流域の森林を切り開き、農地に変えました。近代文明が発展したヨーロッパや北米でも、森林を大面積で伐採し、開拓して草地に変えました。近年では、アマゾンやボルネオの熱帯雨林が、大規模に伐採されています。その結果、世界の森林面積は大きく減少してしまいました。現在の森林面積は約39億ヘクタールあり、地球の陸地の約30％を占めていますが、これは人類が農業を始めた約1万年前に比べると、ほぼ半減していると推定されています。

日本は温暖な気候と豊富な雨量に恵まれ、伐採しても森林がすぐに回復する国です。そのため、森林面積自体はあまり減少していません。しかしその日本でも、たきぎをとったりや木炭をつくるための林（薪炭林）としての利用がさかんになり、多くの森林は江戸時代までに、やせたマツ林になりました。第二次大戦後は、天然林伐採とスギ・ヒノキの植林が奨励され、原生林はほとんど切りつくされてしまいました。

このような森林の減少・劣化は、さまざまな問題をひきおこしています。森林の減少には、大気中の二酸化炭素を増やす効果があります。また、森林伐採にともなう表土の流出により、地すべりなどの災害の危険が増えたり、流された土で海が汚れたりします。スギ・ヒノキの植林は、花粉症の原因となっています。また、伐採や植林、あるいはその後の管理放棄によって、ふるさとの景観に大きな変化が生じています。

これらの問題が広く知られるようになるにつれ、森林を再生させる取り組みが世界各国でさかんになってきました。日本でも、「森づくり」への社会的関心が高まり、多くの市民団体が「森づくり」に取り組んでいます。しかし、「森」は人間の力でつくれるものなのでしょうか。長い年月をかけてできあがる森林生態系を、短い時間の間に回復させることができるのでしょうか？　ここでは、森林の再生を目標とする取り組みの例として、九州大学新キャンパス用地で行われた森林移植事業と、それを通じてわかったことを紹介します。

「森のひっこし」計画

私が勤務している九州大学は現在、福岡市内から郊外へ移転するための準備を進めています。移転先は275ヘクタールの里山です。1992年に、ここを開発して新しいキャンパスをつくり、移転することに決定したのです。

移転先の里山には、水田・畑・果樹園に利用されていた場所に加えて、広葉樹の二次林やスギ・ヒノキの植林が各所にありました。調べてみると、尾根や斜面には常緑広葉樹二次林が残っていて、移転予定地全体では670種近い植物が見られました。また、新キャンパス用地の中央部に位置する谷部（大原川上流部）やその周辺には、ハンゲショウが群生する湿地や、カスミサンショウウオが産卵に訪れる水たまり、ニホンイシガメが越冬する小川など、多様な環境が見られました。「幸の神」と呼ばれるわき水もあり、わき水近くの小川にはゲンジボタルがすんでいました。

当初の計画では、標高差が約30メートルあるこの湿地や小川の分布する谷部を埋める予定でした。しか

写真２　九州大学新キャンパス（伊都キャンパス）の航空写真

福岡市西区と前原市および糸島郡志摩町にまたがる、東西約 3km、南北約 2km、275ha の広大な敷地をもつ九大新キャンパスは、博多湾の西、糸島半島の東部に位置し、福岡の中心、天神から約 15km、公共交通機関で約 40 分の距離にある。大都市の近郊という利便性をもちながら、玄界灘に望む豊かな自然の残された静かな環境にある。人々の往来が盛んであったことを示す遺跡が数多く存在する歴史ある地域でもある。

し、森と水辺が隣接し、上流から下流への勾配がある谷の環境を埋めてしまえば、多くの生物が消失することは避けられません。生物多様性や環境の重要性が広く認識される今、大学が環境破壊を促すような事業を展開することは避けなければなりません。そこで、環境保全、とくに生物多様性保全に配慮し、谷の大部分を「生物多様性保全ゾーン」として残すように造成計画は修正されました。写真2は、九大新キャンパス用地を上空から見た写真です。キャンパス中央部には造成地が広がり、建物が立っていますが、その左上（北西側）に、緑に覆われた谷部が見えます。ここが「生物多様性保全ゾーン」です。

新キャンパス用地の森林は、面積比で全体の32％を占めていました。造成計画では、面積比で36％にあたる99ヘクタールを保全緑地とすることになりました。したがって、単純に面積だけ比較をすれば、森林面積は造成前よりも広くなります。しかし、造成される場所の森林は伐採することになります。現実に、造成部分にも広葉樹二次林は残っていました。これを伐採してしまえば、少なくとも一時的には森林面積が減ってしまいます。造成地の森林を残す方法はないでしょうか。幸い、九州大学農学研究院附属演習林准教授の薛孝夫博士から、「林床移植」という提案がありました。森林の土壌と植生を小さなブロックに切り取り、他の場所に移して、造成後に組み合わせるという技術があるというのです。これなら、樹木・林床植物と森林土壌が形作っている複雑な森林生態系を、可能な限り原型をとどめたままで移植することができそうです。

林床移植という技術

林床移植では、まず専用重機を使って、二次林の林床を1・4メートル四方のブロックに切り取ります（写真3①）。専用重機の先端部には、スライド式のフォークがついています。このフォークには、深さ30センチメートルの木枠が、前面だけをはずして装着されています。この状態で、フォークを使って、二次林の表土をすくいとり、仮置き場所まで運びます（写真3②）。フォークを地面に下ろし、木枠の前面に板を釘付けして

写真3

①林床を 1.4 メートル四方のブロックに切り取る

②切り取った表土ブロックを運ぶ

③ブロックを仮置きし、管理する

④仮置き場所の様子

木枠を完成させ、フォークの内底をスライドさせて、ブロックを取り出します。この森林のブロックは、仮置き場所で水やりなどの管理をすれば数か月間維持できます。移植先の造成が完了したら、もう一度フォークで持ち上げてトラックに積み、移植先に運びます。

　この技術のすばらしい点は、高さ5メートル程度までの樹木を土と切り離さずに移植できること、森林表土の垂直構造を保ったまま移植できることです。樹木と土の間には、非常に複雑な関係が発達しています。樹木の根は、地中の水や栄養分を効率よく利用するために、細かく枝分かれしています。その表面や周囲には、栄養分の吸収を助ける菌類や土壌細菌が集まっています。また、写真3①のような造成中の斜面で森林の表土の断面を観察してみると、樹木の根は地表からわずか30センチメートル程度の中に集中していることがわかります。この表土の中には、地表から地下に向かって、分解前の落葉の層、分解の進んだ落葉の層、落葉が分解されてできた肥沃な土壌、より有機物の少ない土壌が重なっています（図1）。そして、それぞれの層を利用して、ミミズ類やササラダニ類のような多様な土壌動物が暮らし、土壌中の有機物を分解しています。このような垂直の構造を保つことは、森林の土壌生態系を保全する

図1　土壌の模式図

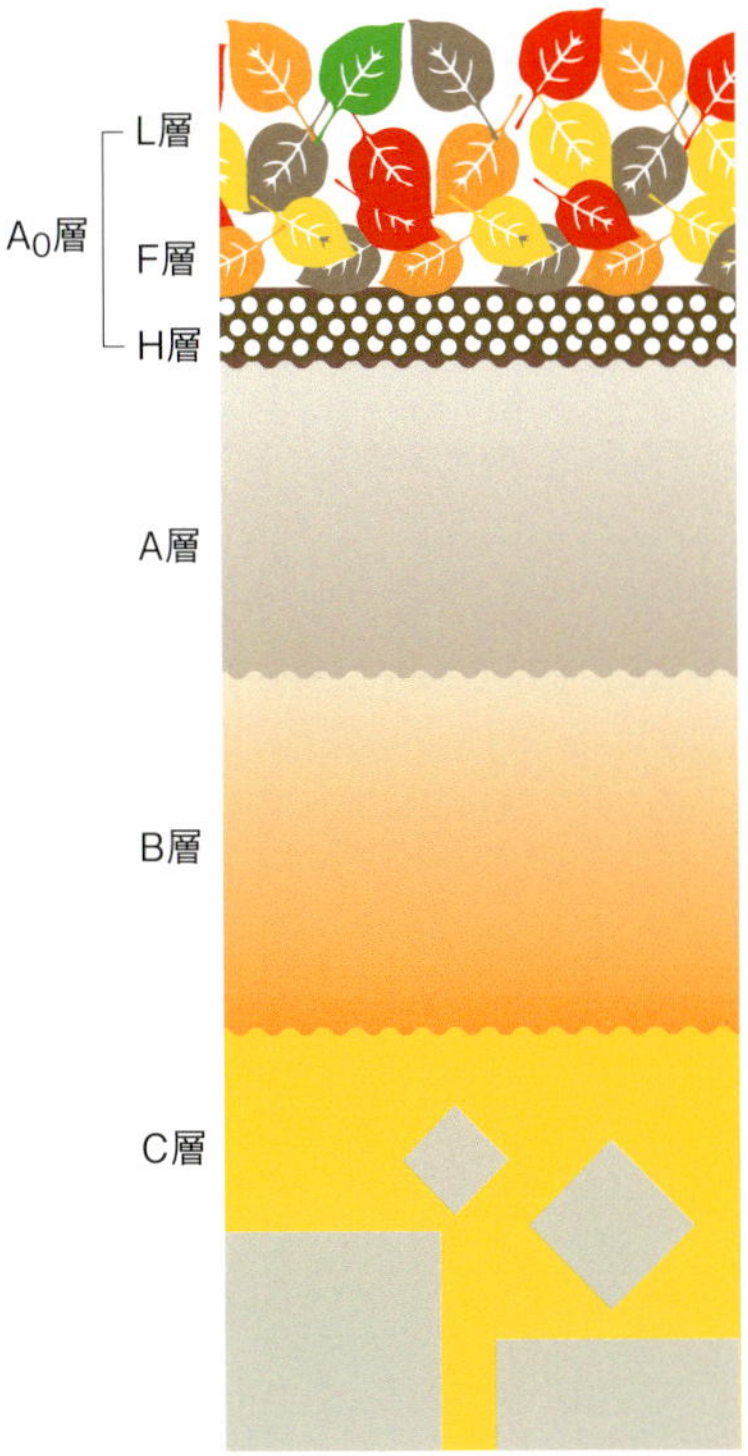

写真 4

①林床ブロックを移植中の盛り土斜面の様子

②果樹園跡地での高木移植の様子

うえできわめて重要だと考えられます。林床移植技術を使えば、この垂直構造を保ったまま、しかも樹木の根と土壌の関係を保ったまま、森林を移植することができるのです。

写真4①は、盛り土によって造成中の斜面に、森林ブロックが配置されたばかりの状態の写真です。全部で3698個の森林ブロックは、10～30センチメートル程度の間隔を置いて配置されています。森林移植の技術で移植できる木は高さ5メートル程度のものまでなので、それ以上の高さの木は、幹を伐採して、切り株の状態で移植しました。そのため、移植された森林には高い木がなくなり、林床ももとの森林よりも明るくなっています。

「森のひっこし」では、林床移植の技術で移植できない大きな木も、株を掘り起こして移植（高木移植）したり（写真4②）、さらに大きな木は幹を伐って切り株の状態で移植（根株移植）したりしました。これらの方法では土壌生態系を移植することはできませんが、移植の費用は安く済みます。

これらの方法で「森のひっこし」が行われてから、6年たちました。移植前と同じ森林を、移植先で再生することができたでしょうか？ 結論を先に言えば、再生できた部分と、再生できなかった部分があります。それを詳しく見ていくことで、「森」を形作っているさまざまな要素の中で、短い時間で再生できるものは何か、再生できないものは何かについて考えてみたいと思います。

「森らしい」姿へ

林床移植地で継続調査を行っている374ブロックでは、移植翌年の2002年に241種の植物が見られました。その多くは林床の草本です。2005年の調査では、このうち58種が消失していましたが、一方で新たに54種が加わり、種数はほとんど変化していませんでした。消失した種の多くは、ベニバナボロギク、アメリカイヌホオズキなどの外来雑草や、在来の畑地雑草など、森ではなく明るい道端や荒れ地のようなところに生える植物です。一方で、新たに加わった種の多くは、森林の林床や林縁に生える種です。つまり、植物の種類から見ると、林床移植地はだんだん「森らしい」姿になっていることがわかります。新しく出現した54種は、土壌中の種子や地下茎から回復したと考えられます。ナルコユリ、オニユリなどは、種子からでは何年もかかって大きくなる植物ですが、前年に見られなかった場所に比較的大型の個体が出現しました。ですから、種子ではなく地下茎が土壌中で休眠していた状態から成長したものと考えられます。このように、土壌は多くの草本植物の種子・地下茎の貯蔵庫でもあるのです。

樹木はどうでしょうか。写真5は、林床移植のあとの植生回復の例を示しています。写真5①の森林ブロックでは、5メートル以上の高さがあったハゼノキの幹（ブロックの左側）が伐採されています。このハゼノキは、移植の時点では、切り株の根元から若い枝が伸び始めている状態でした。この枝は、翌年の4月末には高さ1メートル程度に成長しています（写真5②）。また、ハゼノキの右側には、タラノキがやはり高さ1メートル程度に成長しています。このタラノキは、移植したあとに、土壌中の種子から芽生えて成長したものです。移植2年後には、ハゼノキ、タラノキともに、高さ約2メートルに

写真5　植生の回復例

①森林ブロックを取り出す前の様子。ブロック左側に高さ5メートルのハゼノキがあったが、根元から伐採されている。

②移植翌年の4月末の様子。ハゼノキは1メートル程度に成長している。ハゼノキの右側にはタラノキが伸びてきている。

③移植2年目の様子。ハゼノキもタラノキも約2メートルにまで成長した。

まで成長しています（写真5③）。林床には、ツワブキの丸い葉が成長している様子が見えます。このように、幹を伐採して移植した場合でも、急速に樹木が成長し、森林の再生が進んでいます。

これらのほかにも、移植後の森林ブロックでは、土壌中の種子から発芽した樹木の芽生えがたくさん見られました。写真6は、別の森林ブロックの写真です。羽状複葉のカラスザンショウや、丸い葉のアカメガシワの芽生えがたくさん発芽していることがわかります。これらは、木が倒れた場所や、人為的な伐採によって明るくなった林床で発芽し、急速に成長する性質を持つ種類です。このような樹木は、先駆樹（パイオニア）と呼ばれています。植物の中には、地面に落ちてもすぐには発芽せず、成長に適した条件が揃うまで生命活動を極限まで低下させて待つ、「休眠」という性質をもつ種子をつくるものがたくさんあります。先駆樹には、そうした休眠種子をつける種類が多くあります。

種子に刻まれた森の歴史

図2は、移植した森林ブロック約3698のうち、374ブロックについて先駆樹種の芽生えの出現回数を調査した結果をあらわしています。移植後に最も多く見られたのはアカメガシワで、21％の森林ブロックに見られました。イヌビワ、ネムノキ、タラノキ、ハゼノキ、ニワトコ、カラスザンショウ、クマノミズキ、エノキは5％以上のブロックで見られました。これらのうち、移植前の森林にはたくさんあったイヌビワとハゼノキの木で、移植後にあらわれる芽生えが少ないという現象が見られました。これらの種は、土壌中で種子があまり長生きしないために、林床移植地での芽生えが少なかったものと考えられます。一方、アカメガシワ、ネムノキ、タラノキ、カラスザンショウ、クマノミズキでは、移植前の木の数に比べ、移植後の出現頻度は大きく増加しています。これらの種は、イヌビワやハゼノキとは逆に、土壌中の種子が長命なため、芽生えが多くなったと考えられます。

このことから、森林の土壌中にはたくさんの種子が混ざっていることがわかります。そこで、森林土壌中にどれくらいの数の種子が眠っているか、新キャンパスの森林土壌中の種子の量を実際に調べてみました。図3に示した区画ごとに土壌サンプルを採取し、ふるいを使って種子を選別し、数えました。すると、カラスザンショウは、53個の種子が調査地にほぼ一様に分布していました。

図２　林床移植地に芽生えた先駆樹種の頻度

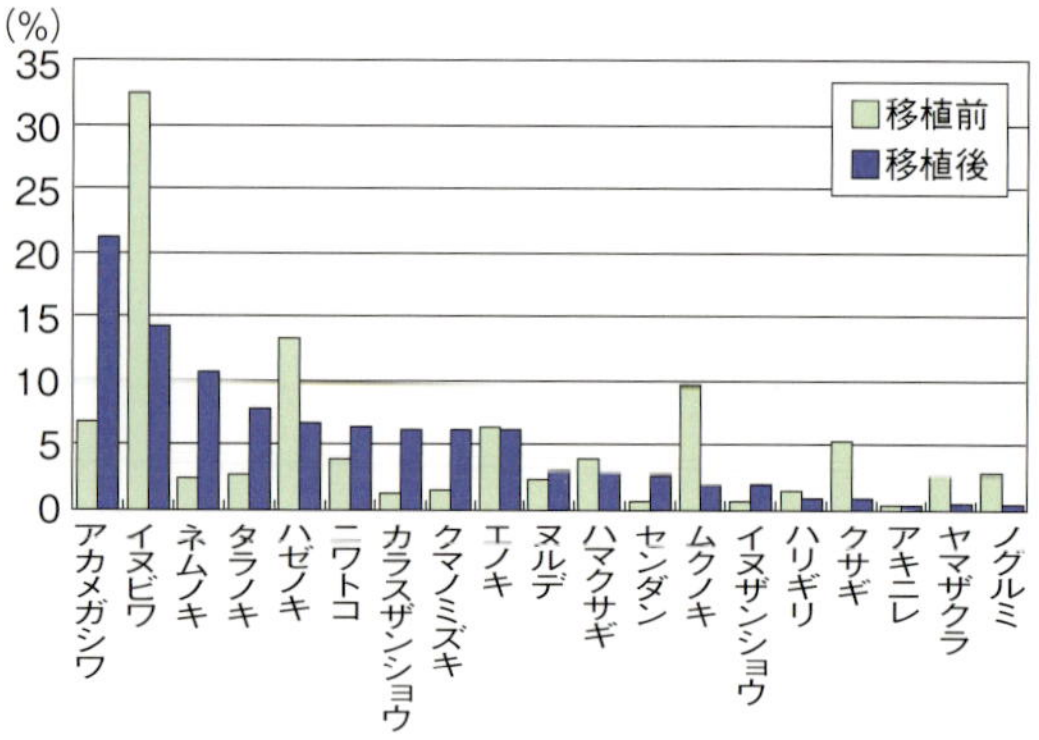

写真６　林床移植後の森林ブロックから、さまざまな芽生えが発生した

カラスザンショウの成木は調査地の近くにはなかったので、これらの種子は遠くから鳥によって運ばれたものと考えられます。一方、アカメガシワでは472個の種子が得られました。これらの種子の多くは、調査地の上方に集中して分布していました。着色した区画には、アカメガシワの成木が1本ありました。調査地の上方に種子が集中しているのは、この木で実った種子が親木の近くに散布されているためだと推測されます。親木から離れた場所にも広く見られる種子は、カラスザンショウと同様に、鳥によって運ばれたものと考えられます。

以上の結果から、調査地中には、カラスザンショウでは5300個、アカメガシワでは4万7200個程度の種子が眠っていると推定されます。約100ヘクタールの新キャンパス保全緑地全体では、これらの数字のおよそ1万倍と推定されます。これらの植物では、地上個体よりもはるかに多くの個体が土壌中で休眠種子として生きているのです。

では、これらの種子は、土壌中で何年くらい生きているものなのでしょうか。この疑問に答えるために、アカメガシワの種子が生産された年代を、加速器質量分析という方法で調べてみました。加速器を使うと、微量の試料中の炭素安定同位体（C^{14}）の比率を正確に調べることができます。炭素安定同位体の比率は、原爆投下やその後の核実験の影響により、1955年ころに最大値に達し、その後急激に低下しています。種子の中の炭水化物には、種子がつくられた当時の大気中の炭素安定同位体が残っているので、これを調べることで、種子がつくられた年がわかるのです。この方法の推定誤差は2〜3年と、かなり正確な推定ができます。この技術を用いて、調査地で土壌から採取した472個から45個を選んで調べました。

図4は、加速器質量分析の結果から推定した、土壌中のアカメガシワ種子が生産された年の分布です。最も古い種子は、1970年ころに生産されたものでした。そして、1970年代に生産された種子が全体の20%を占めていました。最も多かったのは1980年代に生産された種子で、全体の56%を占めていました。1990年以後に生産された比較的新しい種子は、全体の24%でした。新しい種子の割合が少ないのは、調査地の林が成長するにつれて、アカメガシワの種子生産量が低下したためと考えられます。調査地の林は、調査後に造成工事のために伐採されました。伐採された木の年輪を調べると、調査地の森林はおよそ30年前に大規模に伐採され、その後何度か小規模の伐採を経験してきたものと考えられます。アカメガシワは、伐採されるたびに種子から発芽して成長し、種子を生産したものと考えられます。森林移植地での観察結果によれば、アカメガシワは発芽後4〜5年で花をつけ、種子を生産します。樹木の中ではきわめて成長・成熟が早い種です。しかし、シイ・カシ類などのより高くなる樹種が成長してくると、光をめぐる競争に負けて成長が悪くなり、やがて枯れてしまうという性質を持っています。土壌種子の調査地では、コナラやスダジイが成長し、アカメガシワの成長は悪くなっていました。そのため、最近になってからは種子生産量が減り、45個のサンプル中には新しい種子が含まれなかったものと考えられます。

図4　カラスザンショウの埋土種子の年齢

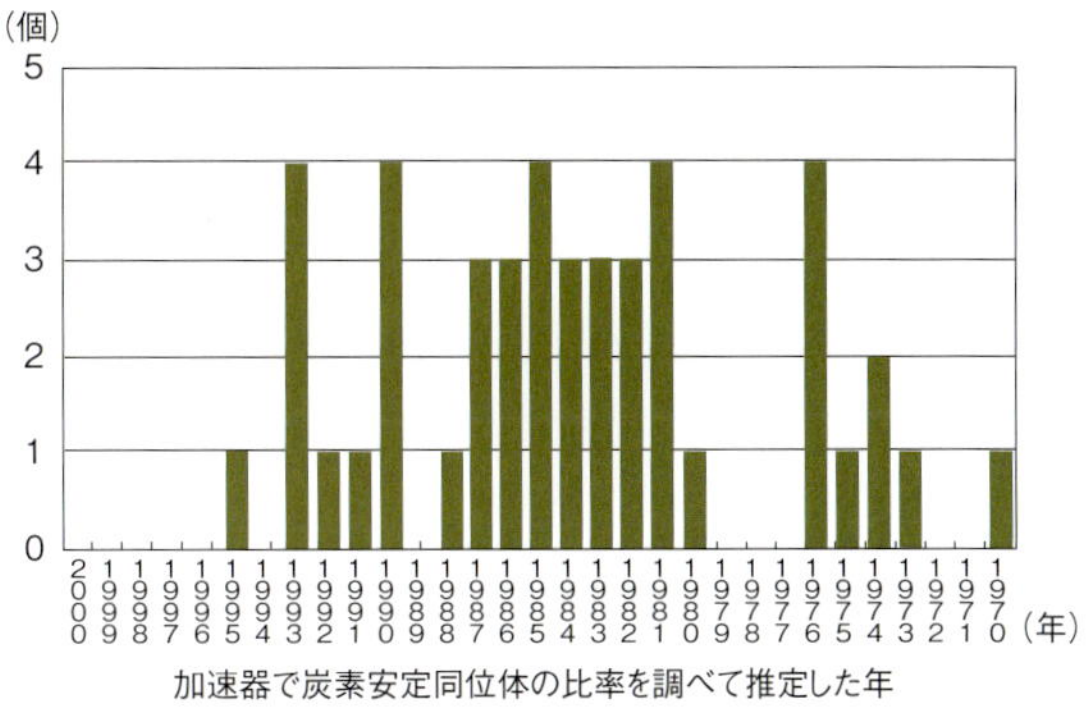

図3

土壌に眠る歴史を移植する

　先に、「森のひっこし」では、林床移植のほかに高木移植と根株移植という方法を用いたことを紹介しました。林床移植を行った森では、土壌中の種子から多数の芽生えが発生しましたが、ほかの方法によって移植した森はどうなったでしょうか。

　新キャンパス用地では、落葉広葉樹であるクヌギやクリの大きな木が点々と残っていました。そこで、それらの大きな木を集めて移植し、落葉広葉樹の二次林を再生することを計画し、高木移植を行ったのです。移植の翌年、クヌギとクリは新葉を展開しました。大径木が根付いたのです。つまり、移植自体は成功しました。しかし、写真7からわかるように、木と木の間隔があいていて、森とは言えない状態です。また、大型の重機を使った移植を行う際に表土をはぎとってしまったため、土壌中の種子からの芽生えがまったく発生しませんでした。そのため、移植の6年後にあたる2007年9月の時点でも、林床の植生はほとんど回復していません。

　根株移植も、表土の生態系や土壌中の種子を保存することはできません。しかも、移植する木の幹を伐ってしまうので、それが高木に成長するまでに時間が必要です。さらに、移植した木と木の間に林床植生が再生するまでにも長い時間がかかります。

　これら二つの方法と比べると、林床移植は、土壌中に何十年にもわたって蓄積された休眠種子や、同様に長い時間をかけてできあがった土壌生態系を移植できる点で、明らかにすぐれています。言い換えれば、林床移植では、土壌中の生態系がたどってきた「歴史」を移植できるのです。また、林床の草本や、5メートル程度の高さまでの木を移植できるので、森林に生活している植物種の多様性を残す方法としても優れているのです。

　しばしば私たちは「森づくり」という言葉を使います。しかし、森は建物と違って、人間の手でつくりだせるものではありません。「森づくり」とは、土壌生態系や多様な植物種の種子が持つ自然の回復力を手助けすることです。林床移植は、このような自然の回復力を最大限に活用した方法だと言えるでしょう。

再生できるもの、できないもの

　以上のように、大きな森林を一度小さなブロックに分けて、他の場所に移して組み合わせるという方法で、種の多様性を保ちながら、比較的短期間に森林を再生することができることがわかりました。しかし、移植から6年たっても、林床移植地の森林は高さ5メートル程度にとどまっていました。

　林床移植法で、高さ5メートル程度の木は移植されましたが、写真7①や写真5から明らかなように木と木の間隔が空いていて、林床は明るくなっていました。このような明るい林床で先駆樹種の芽生えが成長し、樹高5メートル程度に育つまでに、6年間かかりました。今後、移植地の森林は次第に成長していくはずですが、もとの森林と同じ高さ（約15メートル）に成長するまでには、20年から30年の年月が必要でしょう。高木移植法や根株移植法に比べ、再生の速度が速い林床移植法を使っても、森林の再生には何十年という時

写真７

①高木移植の翌年の様子
②林床移植を行った法面

間が必要なのです。

さらに、20年から30年後に、周囲と同じ森林が回復するかどうかは、まだわかっていません。林床移植を行った盛り土斜面では、降雨時に斜面が侵食されないように、コンクリート製の側溝が設置されています（写真7②）。このため、尾根・斜面・谷という地形の変化がありません。このような人工的な斜面で、移植前と同じ森林が回復するかどうかについては、今後調査を行い検証していかなければなりません。

また、林床移植地の面積は1.3ヘクタールしかなく、新キャンパス用地全体の0.5％に過ぎません。これだけの面積で保つことができる種の多様性には限界があります。図5は、2002年に林床移植地で観察された241種の植物が、374ブロック中何ブロックに見られたかを示したグラフです。241種は、出現回数の多い順に左から配列されています。出現地点数は順位とともに急激に減少し、約半数の種は374ブロック中1～5ブロックにしかあらわれませんでした。同じ関係が、図2の先駆樹種にも見られます。ヤマザクラやノグルミの芽生えは、たった1ブロックでしか見られなかったのです。このように、森林を構成する種の多くは、ごく限られた場所にだけ生育しています。保全する面積が小さければ、これらの種の多くは失われてしまいます。

林床移植法は、工事とともに消失することが避けられない森林に生育している植物の種を残す方法として、きわめて有効です。しかし、この方法にも限界があるのです。第一に、林床移植法をもってしても、森林は一時的には大きく壊されてしまい、その再生には数十年の年月が必要です。第二に、大面積の移植は予算的に困難なので、移植できるのはどうしても一部の種に限られます。第三に、「生きものの集う森」で紹介されたような動物や菌類との共生関係もまた壊されてしまいます。菌類との共生関係を支える土壌生態系を移植できる点は大きな利点ですが、花粉を運ぶ昆虫や種子を散布する動物までは移植できません。これらの動物が生息できる森を必ず残しておく必要があります。

森林とは、長い時間をかけて、尾根・谷などの地形の変化に富む広い面積の土地で、さまざまな動物、菌類の助けを借りて形づくられた生態系です。その再生には長い時間と大きな面積を必要とするということが、九大新キャンパスでの取り組みから得られた重要な教訓と言えるでしょう。

100年の森づくり

以上のような教訓から、森を再生する活動が実を結ぶには、少なくとも50年～100年という長い時間が必要だと言えます。そこで私がかかわっている「緑のまちづくり交流協会」では、研究者と市民の議論を通じて、『100年の森づくり』という提案を作成しました。この文書には、市民による森づくりの活動の基本となる考え方がまとめられています。その最初の部分を抜書きしてみましょう。

『100年の森づくり』は、100年後の未来への遺産として、親子三世代を超えて引き継ぎながら、都市に『緑と水と土』を取り戻す市民活動です。それは、ただ木を植えて自然環境の復元をはかるだけでなく、人と森との復縁をめざす提案でもあります。すなわち、都市に住む市民が日常的に森にか

イラスト／柏木牧子

図5

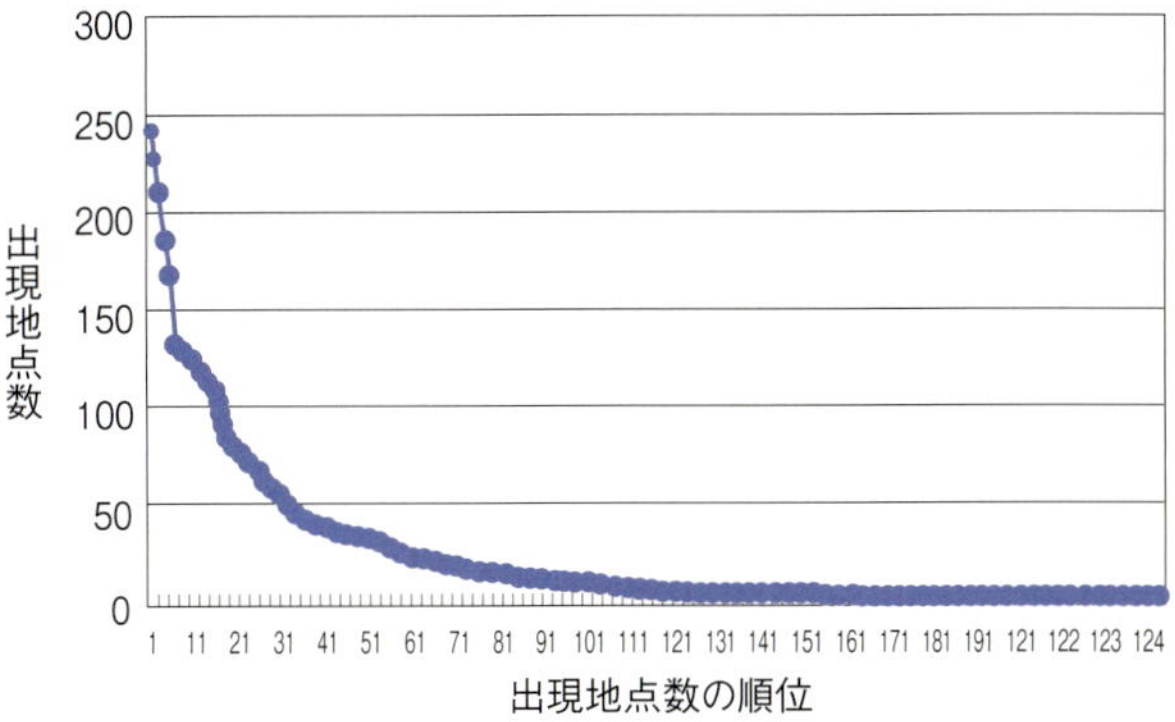

かわる暮らし方を再現し、森づくりを通じて次世代を担う子供たちを育て、森と結びついた歴史的風土や文化を再生し、伝承してゆく取り組みです。私たちはこの提案を通じて、大地に木を植えるだけでなく、人の心にも木を植えたいと考えています。

九大伊都キャンパスで活動している「福岡グリーンヘルパーの会」では、このような考え方にもとづいて、「どんぐりの森をつくろう」という取り組みを続けています。すでに8回目を数えたこの取り組みでは、福岡市などの小中学生に呼びかけて、伊都キャンパスに残された森でどんぐりを拾い、苗を育てています。そして、苗を伊都キャンパス内の根株移植地に植え、森林再生の手助けをしています。小中学生が集めたどんぐりだけでは種類が偏りますし、苗の数も足りないので、「福岡グリーンヘルパーの会」で活動している市民が伊都キャンパス内から多様な樹木の種子を集め、苗を育てて、小中学生による植樹のイベントの際に苗を提供しています。

『100年の森づくり』の文書では、どんぐりの苗を中心とする森づくりについて、次のような提案をしています。

森をかたちづくる高木のうちシイ・カシ類（どんぐりの仲間）は、森の優占種でありながら、種子が大きいために、風や鳥によって運ばれてくる機会が限られています。これらの苗を育てて植えることで、森が蘇る速度を早めることができます。ただし、どんぐりの苗だけを植えれば、一様な樹林になってしまいます。そこで、どんぐりの苗にくわえて、高木に育つ多様な種（クスノキ科など）の苗を混植し、多様性を保ちながら、シイ・カシ類が優先する森を育てます。……（中略）……このようにさまざまな樹種の苗を植えるにあたり、特定の樹種を特定の場所に植えるように計画するのではなく、森づくりに参加する市民が自由に、気ままに植える場所を選ぶことを提案します。自然の森はさまざまな偶然の積み重ねによって成り立っています。そこで、参加者の自由意志によってばらつきを作り出し、計画された人工林ではなく、自然に委ねられた森を再生します。

冒頭で書いたように、人類の文明の歴史は、森の利用の歴史でもありました。そしていつの時代にも、子供たちは森と友だちであり、森と親しむことで自然に対する感性と知識を育んできました。森には炭酸ガスを吸収するなどさまざまな効用がありますが、子供たちが自然を学ぶ場としての森の大切さを忘れるべきではないでしょう。自然には回復力があり、種子が残されていれば、森は自力で再生する力を持っています。しかし、子供たちと森のかかわりは、自力では生まれません。森づくりにおいて大切なことは、子供たちが森とかかわる機会を作り、子供たちに森の楽しさ、面白さ、不思議さを伝えることだと私は考えています。そのためには、森づくりにかかわる大人たちが、森の成り立ちについて学び、その知識を子供たちに生き生きと語る必要があります。本書がこのような学びのテキストとして、少しでも役立つことを願っています。

著者略歴

矢原徹一（やはら てつかず）
1977年京都大学理学部卒業、東京大学助手、講師、助教授を経て1994年より九州大学理学部教授。専門は生態学、進化学、植物分類学。世界の森の歴史と保全に関心がある。

森の不思議のブックガイド

～もっと知りたい読者のために～

九州大学大学院理学研究院

矢原 徹一 監修

「森は動いている」に関係する本

日本の森林・多様性の生物学シリーズ

森のスケッチ

中静透 著

東海大学出版会 発行

縦書きの「森の生態学」入門。森について学びたい方はまずこの本から。

森林の百科

井上真・鈴木和夫・中静透・桜井尚武・富田文一郎 編

朝倉書店 発行

147名の著者による森の百科事典。生態学から森林経営まで、広範囲をカバー。

「木という生き方」に関係する本

植物生態学― Plant Ecology

甲山隆司・彦坂幸毅・大崎満・寺島一郎・竹中明夫ほか 著

朝倉書店 発行

現時点で最もよくまとまった植物生態学の教科書。「木という生き方」の内容をより深く学ぶには、3章「光を受ける植物のかたち」（竹中明夫）が最適。

光と水と植物のかたち

植物生理生態学入門

種生物学会 編集

文一総合出版 発行

植物が光と水を使っていかにうまく暮らしているかについての入門書。かなり高度な内容をわかりやすく解説している。

図解 樹木の診断と手当て

木を診る・木を読む・木と語る

堀大才・岩谷美苗 著

農山漁村文化協会 発行

タイトルは庭木の手入れの本のように見えるが、木の形作りのしくみがくわしく説明されている。副題に「木を読む・木と語る」とあるように、樹形から成長の歴史を読み取れることに発見のよろこびを感じる。一読して木を見る目が変わる。

「森と水の関係」に関係する本

生物環境物理学の基礎

G. S. キャンベル・J. M. ノーマン 著、久米篤・大槻恭一・熊谷朝臣・小川滋 訳

森北出版 発行

光・水・温度などの物理環境と森の関係を学ぶための基礎を解説した教科書。

森林水文学

森林の水のゆくえを科学する

森林水文学編集委員会
森北出版　発行

森林水文学の教科書。森に降った雨水のゆくえを学ぶには必読書だが、初心者にはやや難しい。

「巨大な熱帯林を支える栄養」に関係する本

植物生態学— Plant Ecology
甲山隆司・彦坂幸毅・大崎満・寺島一郎・竹中明夫　ほか　著
朝倉書店　発行

「巨大な熱帯林を支える栄養」の内容をより深く学ぶには、10章「土壌・植生系の発達過程と栄養動態」（北山兼弘）が最適。

講談社選書メチエ
熱帯雨林を観る
百瀬邦泰　著
講談社　発行

若くして世を去った熱帯雨林研究者による縦書きの熱帯雨林案内。生物多様性が保たれるしくみから、熱帯雨林の保全まで、広くカバーした好著。

「森の4つの共生系」に関係する本

共進化の生態学
生物間相互作用が織りなす多様性
種生物学会　編
文一総合出版　発行

花と昆虫の関係、植物と菌の関係など、本章に関連する最先端の研究成果が紹介されている。

シリーズ地球共生系4
花に引き寄せられる動物
花と送粉者の共進化
井上民二・加藤真　編
平凡社　発行

少し前の本だが、花と昆虫の関係に関する研究の発展初期に書かれた意欲的な本。

「野ねずみとドングリの不思議な関係」に関係する本

生態学ライブラリー
森のねずみの生態学
個体数変動の謎を探る
斉藤隆　著
京都大学学術出版会　発行

森のねずみが増えたり減ったりする現象の面白さがわかる本。

シリーズ地球共生系5
動物と植物の利用しあう関係
鷲谷いづみ・大串隆之　編
平凡社　発行

植物と草食動物のさまざまな関係（送受粉を除く）について書かれた解説集。「野ネズミによる種子散布の生態的特性」など15章からなる。

「生物間の相互作用と森の昆虫のダイナミクス」に関係する本

日本の森林・多様性の生物学シリーズ
昆虫たちの森
鎌田直人　著
東海大学出版会　発行

森と昆虫のかかわりを学ぶなら、まずはこの本から。

「森を再生する試み」に関係する本

保全生態学入門
遺伝子から景観まで
鷲谷いづみ・矢原徹一　著
文一総合出版　発行

森を含めて、生態系を守るうえでの基本的な考え方が書かれた本。保全について学ぶなら、まずはこの本から。

里山の環境学
武内和彦・恒川篤史・鷲谷いづみ　編
東京大学出版会　刊行

里山の保全に関する最もまとまった本。森づくりにかかわる人にはぜひ一読を勧める。

中公新書1921
照葉樹林文化とは何か
東アジアの森が生み出した文明
佐々木高明　著
中央公論新社　発行

どんぐりの森から育った照葉樹林文化についての最新の解説。森と人間とのかかわりを考えさせてくれる本。

森をつくった校長
山之内義一郎　著
春秋社　発行

小学校で「学校の森」を作った校長先生の著書。森が子供たちにとってすばらしい学びの場となることが生き生きと描かれている。

エコロジー講座《こうざ》
森《もり》の不思議《ふしぎ》を解《と》き明《あか》かす
2008 年 4 月 1 日　初版第 1 刷発行
2010 年 6 月 30 日　初版第 2 刷発行

編——日本生態学会《にほんせいたいがつかい》
責任編集——矢原徹一《やはらてつかず》
デザイン——フレア

発行人——斉藤　博
発行所——株式会社　文一総合出版
〒162-0812　東京都新宿区西五軒町 2-5 川上ビル
Tel: 03-3235-7341（営業）
03-3235-7342（編集）
Fax: 03-3269-1402
郵便振替——00120-5-42149
印刷所——奥村印刷株式会社

ISBN978-4-8299-0135-9
Printed in Japan